• 甘蔗保护性耕作技术系列丛书 •

甘蔗
深耕深松技术

韦丽娇　黄伟华　董学虎　主编

中国农业科学技术出版社

图书在版编目(CIP)数据

甘蔗深耕深松技术 / 韦丽娇, 黄伟华, 董学虎主编 . ––北京: 中国农业科学技术出版社, 2023. 8

(甘蔗保护性耕作技术系列丛书)

ISBN 978-7-5116-6403-7

Ⅰ. ①甘… Ⅱ. ①韦…②黄…③董… Ⅲ. ①甘蔗-深耕-栽培技术 Ⅳ. ①S566. 1

中国国家版本馆 CIP 数据核字(2023)第 158316 号

责任编辑	倪小勋
责任校对	王 彦
责任印制	姜义伟 王思文

出 版 者	中国农业科学技术出版社
	北京市中关村南大街 12 号 邮编:100081
电 话	(010) 82105169 (编辑室) (010) 82109702 (发行部)
	(010) 82109709 (读者服务部)
网 址	https://castp.caas.cn
经 销 者	各地新华书店
印 刷 者	北京建宏印刷有限公司
开 本	185 mm×260 mm 1/16
印 张	10. 5
字 数	245 千字
版 次	2023 年 8 月第 1 版 2023 年 8 月第 1 次印刷
定 价	48. 00 元

前　言

甘蔗是我国制糖的主要原料之一，其种植面积占糖料作物种植面积的85%以上，蔗糖产量占总产糖量的90%以上。2022年，全国甘蔗种植面积约111.13万 hm²（资料来源：中国糖业协会），年收获甘蔗约8 000万 t。糖料种植收入涉及全国4 000万名蔗农的收入及地方财政收入来源，并直接影响到边疆地区的社会稳定和经济发展。

由于很大部分甘蔗生产仍采用传统人畜力或小型拖拉机进行浅翻、旋耕作业，其耕层通常只能达到10~15 cm，使得耕作犁底层浅而硬、地表径流严重、土壤蓄水保墒透气能力差，限制了甘蔗根系的营养吸收，根系难以深扎，甘蔗抗旱抗倒伏能力弱，产量难以提高。适当采用深耕深松机械化技术，提高土壤蓄水保墒能力，可为甘蔗生长创造良好的保水、保肥、透气的土壤条件，达到提高甘蔗单产的目的。

近年来，从国家到地方一直在积极推广蔗地深耕深松技术。2003年广西农机管理中心将甘蔗深耕深松机械化技术定为"十五"期间在广西重点推广的九大农机化技术之一。2013年农业部（现农业农村部）办公厅《关于开展农机深松整地作业补助试点工作的通知》明确要求开展农机深松整地作业补助试点工作。2015年《政府工作报告》中涉及农业主要提出了2个量化指标任务，一个是粮食总产，另一个是深松整地。2018年国务院常务会议部署加快推进农业机械化和农机装备产业升级，助力乡村振兴、"三农"发展，要求提升主要农作物的机械化种植采收水平，对开展深耕深松等按规定给予补助。2020年广西出台《广西糖料蔗良种良法技术推广工作实施方案》，对推广糖料蔗生产全程机械化技术实施全面补贴，其中机械化深耕（深松）补贴资金450元/hm²、粉垄整地1 200元/hm²，到2022/2023年榨季累计完成机械化深松（深耕、粉垄整地）27万 hm²。

为了加快推广蔗地深耕深松技术，提高农户实施深耕深松作业积极性，各级农机管理部门充分利用电视、报刊等宣传媒体以及发放各种宣传资料，广泛宣传甘蔗机械化深耕深松技术的重要意义、典型经验、发展前景等。还从各地实际情况出发，参考成功地区的做法，精选了"单一深松（深耕）作业""深松+旋耕作业""自走式粉垄深耕深松""深松+其他多项复式作业"等作业模式加以推广。同时政府不断加强引导，积极推进"互联网+农机"，推动农机服务部门和农机专业合作社运用现代信息化手段对农机深松整地工作进行监督管理，以促进甘蔗深耕深松整地作业实施的科学性、规范性与有效性。

为了更好地指导广大农机使用者安全、高效地使用甘蔗深耕深松机械，本书介绍了目前我国甘蔗生产中常用的深耕铧式犁、圆盘犁、翻转犁、深松机等深耕深松机械的基本知识、安全使用技术、维护保养技术要求、常见故障的诊断技术、修理修复技术要求，还从目前农业生产所使用的农业机械中选出一些具有代表性的常用深耕机械进行介绍，兼顾理论，突出运用。同时，结合近年来本课题组实施应用"互联网+"深松整地技术的经验，对深耕深松机具配套应用的大中型拖拉机安全使用事项，以及农机深松作业远程监测系统构成、使用说明等方面进行介绍，以满足广大农民朋友对农业生产服务的需求，促进甘蔗等农作物的优质生长和甘蔗产业发展。本书还可以作为农机管理、维修工作的参考书。

在成书过程中，分别得到了中央级公益性科研院所基本科研业务费专项（编号：1630132022001、1630012023009）、湛江市保护性耕作装备工程技术研究中心（编号：2023A123）、湛江市科技计划项目（编号：2020A04011）、广东省农业类颗粒体精量排控工程技术研究中心、湛江市类颗粒体动力学及精准精量排控重点实验室（2020A05004）和湛江市农业类颗粒体精量排控工程技术研究中心（编号：2022A105）的支持，还得到了社会学界许多前辈、同事和朋友们的热心指导和帮助，在此一并致谢。

由于时间和水平有限，书中难免会有不妥之处，敬请读者批评指正！

编　者

2023 年 2 月

目　　录

第一章 甘蔗地深耕深松技术概述

第一节 甘蔗生长条件特点

一、甘蔗地土壤条件

我国糖料作物以甘蔗和甜菜为主,然而随着糖原料供给结构的改变,甘蔗已成为我国制糖的主要原料。我国甘蔗种植主要集中在广西壮族自治区(以下简称广西)、云南省、广东省、海南省等南方地区,种植面积占全国种植总面积的90%以上。我国蔗区70%以上分布在无灌溉的旱地、丘陵地带,土壤类型主要以砖红壤和赤红壤为主,而砖红壤和赤红壤质地黏重、肥力差,呈酸性至强酸性。从蔗区的土壤类型地带性分布看,土壤从北向南,随着热量的递增,土壤带谱呈红壤—赤红壤—砖红壤的分布;从垂直地带分布看,从海拔较高蔗区向较低蔗区,呈现红壤—赤红壤—砖红壤地带(张跃彬 等,2008),如表1-1所示。

表1-1 南方蔗作土壤类型和主要分布地区

土壤类型	亚类	主要分布蔗区
砖红壤	砖红壤	雷州半岛、滇南、琼北、西双版纳
	红色砖红壤	滇南
	黄色砖红壤	琼东南、滇东南
	砖红壤性土	零星分散
	赤土	砖红壤旱地
赤红壤	赤红壤	闽南、粤东南、粤西、桂西南、滇中南
	黄色赤红壤	滇中南
	赤红壤性土	粤东南、闽南
	赤红土	赤红壤旱地

目前,甘蔗生产很大部分仍采用传统人畜力和小型拖拉机带铧式犁或旋耕机进行浅翻、旋耕作业,引起甘蔗地耕层浅、土壤保水保肥能力差、暴雨季节径流、土壤流失严

重、熟土层逐渐减少、犁底层增加、土壤严重板结、酸化、透水性差等一系列土壤劣化问题。此外，甘蔗是高秆宿根作物，秆高为 3～5 m，根系很发达（图 1-1），根部入土深度可达 4 m，大部分的根系集中在表土 20～40 cm 范围。然而，因传统的耕作方式引起的土壤劣化问题，导致甘蔗的根系一般仅能延伸至 20 cm 左右，不利于甘蔗根系吸收营养，并在干旱和风吹时容易倒伏（图 1-2），影响产量和糖分。

红黏土

发达甘蔗根系　　　　　　　　形成的土壤—根系复合体

图 1-1　发达的甘蔗根系　　　　　　　　图 1-2　倒伏的甘蔗

二、良好蔗作土壤特性要求

土壤是指地球表面具有一定肥力且能够生长植物的疏松表层，我国南方蔗区地处热带、亚热带，干湿季明显，高温多雨、湿热同季，富铝化与生物富集互相作用，形成了南方蔗区的主要蔗作土壤类型——赤红壤、砖红壤。

一般来说，甘蔗对土壤条件的要求不是很高，在适宜甘蔗生长的气候条件下，甘蔗都能在不同类型、不同质地的土壤上生长，甘蔗对土壤的适应性是比较广泛的。土壤 pH 值以 6.7～7.7 较为适宜。

虽然甘蔗可以生长在不同土壤类型，但要获得甘蔗的高产、稳产，必须积极创造优良的土壤条件，良好的蔗地耕作层要深至 30 cm 左右，耕层容重 1.1～1.3 g/cm³，总孔隙度应大于 50%，非毛细管孔隙度大于 10%，大、小孔隙比为 1：（2～4），耕层水稳性团粒结构大于 40%，耕层有机质含量在 2.5% 左右；土壤具有良好的保水、保肥性能，不板结、不结皮、不起坷垃、易于耕作。土体上、下相互配合，整个土体水、肥、热协调。满足甘蔗整个生育期对水、肥、气、热的需求（张跃彬 等，2008）。

第二节 甘蔗地机械化耕作特点

一、机械化耕作甘蔗地的选址

机械化蔗园宜选建在地势平缓（坡度<10°为宜）、土壤肥力中上、水利资源条件良好、交通便利的蔗区。这有利于创造良好的全程机械化作业条件，尤其是发挥大功率、高效率、大型机械的作业效率优势，提高作业质量和实施标准化生产：一是有利于农田基础设施，如排灌设施，管理控制、维修、仓储等库房，农用物资，物料预处理，运输装卸、周转等场地通信，卫星遥感地面基站、植保飞防等设施的配套建设；二是有利于土地生产力和作物生产力的协同提升；三是有利于提高原料蔗砍收运输和入榨的效率，保证原料蔗新鲜入榨，提高制糖效率，促进甘蔗种植系统、加工系统和农机作业服务系统的效率与效益的协同提升。

当前，基于土地流转、规模化、机械化经营的蔗园土地整理，应以连片化机械作业无障碍、连续作业效率高为原则进行土地整治，重点要清除田间沟坎、树根石块、田埂等障碍物，科学合理规划农机、物资管理、堆场等库房，场地与场边乡村通路、物流通路和田间工作道的布局。田间道路宽应≥4 m，并应最大限度地减小路面与田面高差，以高差≤5 cm为宜。沟渠等农田基本建设，须充分考虑机具下田情况、转弯掉头和物料装卸空间及作业便利。在连续作业地块的规划方面，应以甘蔗产量目标为基础，以机收类型与装载方式为主要依据，参考甘蔗种植、中耕、植保等机械的最高物料用量来合理确定单位地块的行长，尽量避免作业过程中因物料耗尽而停机或需多次装卸，为充分发挥机械化作业效率奠定良好的基础。大规模的机械化蔗园一般要求连片连续作业面积≥13.33 hm²，单位地块长度≥200 m，宽度≥25 m。

有条件的机械化蔗园在土地整治规划过程中可采用卫星测量系统进行辅助设计。结合机具类型配置情况和田间管理技术标准，最大限度地提高土地利用效率和机械作业效率。对卫星测量系统辅助设计和卫星导航作业控制的应用结果显示，传统经验型的开行作业实际完成的种植数量比理论测算值少9.4%～12.1%，而利用卫星测量系统辅助设计和卫星导航作业实际完成的种植数量与理论测算值的偏差仅为0.1%（区颖刚 等，2018）。

二、植蔗地机械化耕作要求

植蔗苗床耕层土壤细碎，紧实度减小、孔隙度增加，有利于土壤的保温，同时还增加了种茎与土壤的接触面积，有利于保护种基、种芽。甘蔗生根后，根毛与土壤的充分接触，可促进其对水分、养分的吸收，松碎的土壤耕层特性还有利于保证机械的顺畅运行和作业质量。植蔗苗床土面平整可避免田间局部受旱或积涝，有利于新植宿根蔗苗整齐生长，便于集中实施大规模田间管理和进行标准化作业，保证了机械作业的农时和作业质量。

深厚的机械作业耕层有利于增加土壤有效的水分和养分"库容",保持良好稳定的墒情,促进温、水、肥效应的良好耦合;有益于甘蔗扎根抗倒和宿根蔗的萌芽及生长;并通过土体生态环境和条件的改变控制害虫及杂草为害,如破坏害虫卵、幼虫的越冬环境,降低虫口基数,通过深埋杂草种子抑制其出苗等。有研究表明,常见的杂草90%都萌生于0~2 cm的土层,而深埋在6 cm土层以下的杂草种子则大多无法出苗;不同类型的杂草种子生活力受翻埋深度的影响也有所不同,如双子叶杂草的种子埋深超过2 cm则不易出苗,而某些单子叶杂草种子埋深至8 cm仍有少量出苗,这也要求我们应根据蔗园杂草的类型和特点制定相应的耕作和化学防除策略。

疏松的耕层有益于土壤的通气与熟化,促进土壤团粒结构的形成,促进有益微生物的增殖、有机质的分解和肥效的释放及利用。赖于土壤通气状况的土壤微生物推动着土壤的物质转化和能量流动,反映了土壤物质代谢的旺盛程度,在有机质分化、腐殖质形成和分解营养元素转化过程中起着不可替代的作用,而细菌恰是土壤微生物群体中数量最大,类群最为丰富的重要指标。对不同土壤容重下甘蔗根际土壤微生物数量变化的研究分析结果显示,从甘蔗苗期至分蘖期,甘蔗根际土壤的细菌总数随着甘蔗的生长表现出增长的趋势,土壤容重为1.1 g/cm³的疏松土壤中增长最快,增幅达50.9%,而土壤容重为1.3 g/cm³的处理,甘蔗根际土壤细菌总数增幅仅为28.0%。疏松的耕层还有利于改善土壤的保温性能,研究显示,机械化深松后初期可提高苗床土温1 ℃左右,以后逐渐减少增温时间可持续70~80 h,在我国冬植蔗和早春植蔗地区,创建疏松的苗床耕层是提高甘蔗萌芽出苗率的有益的耕作技术措施。

甘蔗生长必须以土壤为基础,甘蔗对各种类型的土壤具有较强的适应力,但不同的土壤及土壤肥力不同,甘蔗的产量有很大的区别。良好的蔗作土壤应该使甘蔗"吃得饱(指肥料供应充足),喝得足(指水分供应充足),住得好(指土壤空气流通,温度适宜),而且站得稳(指根系能伸展得开,机械支撑牢固)",要使甘蔗获得高产、稳产,就要创造良好的土壤条件,而良好的甘蔗地土壤应具有深、松、细、平、肥的特点。

1. 深

指要有适于甘蔗根系伸展的深厚耕作层,土层深厚可以提高土壤蓄水保肥能力。甘蔗根系在土壤中的分布主要集中在30 cm左右,深厚的土壤为甘蔗根系在土壤中的伸展提供了一个良好的环境,有利于甘蔗根系扎得深、站得稳,对提高甘蔗的抗倒伏能力和抗旱能力都有好处。

2. 松

甘蔗根系需要从土壤中吸收氧气,这就要求蔗作土壤具有良好的通气性,疏松而不散。土壤的颗粒太散会降低土壤的保水、保温的能力,从而影响甘蔗根系的生长。松还要求软而不硬，硬说明有机质少，保水、保肥、保温能力弱。

3. 细

土壤颗粒的细是相对而言的，主要是指在整地过程中，要尽可能地把大的土块耙细，破坏较大土块的结构。较细的土壤可以很好涵养水源，也有利于甘蔗种植时的盖种和盖膜。但也不是土壤越细越好，这就要求土壤细而不粉，粉则土壤团粒结构差，影响甘蔗根系的呼吸能力，降低甘蔗根系的吸水吸肥能力。

具有松、细特点的蔗作土，结构性能良好，犁耙容易，适耕性大，保水保肥能力较强，通气又透水，有利于协调水分和空气的矛盾，因而施肥效果好，一般富含有机质的粉砂壤土和黏壤土较容易被培育为松细土壤结构，至于一般砂性或黏土只要通过合理轮作，施肥和改土等措施，也能培育成结构较好的土壤。

4. 平

平整的土地具有较强的保水保肥能力，蔗地不平整容易引起土壤冲刷，导致水土流失和肥料损失。土面不平在雨季容易导致低凹的地方积水，造成甘蔗根系长期淹水。所以蔗地整地时要求平整，同时在旱坡地上要求要沿等高线水平开挖种植沟，可根据地形适当地在种植沟中预留小梗，这些措施都能减少水土的流失和肥料的损失。

5. 肥

广义的肥是指土壤的水、肥、气、热都能够满足甘蔗高产高糖的需要，狭义的肥是指土壤中的17种营养元素都能满足甘蔗高产高糖的需要。土壤含有丰富的有机和无机养分，即有机质、各种营养元素的含量都处于一个较高水平（张跃彬 等，2008）。

近年来，土壤耕作作为农业综合技术措施之一，对节水农业的作用越来越受到人们的重视，农田耕作的目的是建立适宜作物生长的土壤环境条件，蓄水保墒，促进作物生长。研究表明，耕作活动明显地改变了土壤的物理特性和水力学特性，引起土壤持水及导水能力的改变，变化程度主要取决于耕作方式，而且不同的耕作方式对改善土壤水分物理特性及作物生长状况起着不同的作用。

深松能使作物产量提高已得到普遍认同。在同一作业深度下，与深松相比，采用深耕使土壤得到的扰动更大，疏松度也较大，因而土壤圆锥指数和容重较小。深松的优势在于能使更深层的土壤受到扰动，为作物有效利用更深层土壤的养分、水等资源创造了条件，从而提高作物产量（区颖刚 等，2002）。

近年来，从我国蔗区的气候、灌溉以及土壤类型（红壤、砖红壤等）条件看，季节性干旱是甘蔗生产的主要制约因素，而由于传统长期浅耕作业造成的土壤板结以及出现坚硬犁底层（图1-3、图1-4），除了选育适合这些地区抗旱的甘蔗优良品种之外，蔗地机械化深耕深松技术尤为重要（图1-5），是获得甘蔗高产高糖的重要途径（杨坚，2005）。

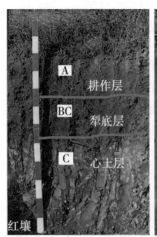
图1-3　红壤耕作剖层

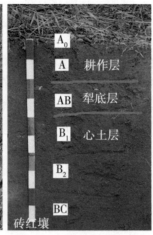
图1-4　砖红壤耕作剖层

图1-5　机械化深松作业土壤剖层

三、甘蔗深松整地的技术要点

(一) 掌握作业模式

1. 深松机深松+旋耕 (或耙耕) 作业

使用拖拉机配套深松机和旋耕机或圆盘耙等机具,对土壤分别进行一横一纵两遍的深松和一横一纵的旋耕 (或耙耕) 碎土、平整作业。

2. 浅翻深松机深松+旋耕 (或耙耕) 作业

使用拖拉机配套浅翻深松机和旋耕机或圆盘耙等机具,对土壤分别进行一横或一纵 (即一遍) 的浅翻深松和一横一纵的旋耕 (或耙耕) 碎土、平整作业。

3. 自走式粉垄深耕深松机深松作业

使用自走式粉垄深耕深松机,对土壤进行一次性完成深松和碎土、平整作业。

(二) 把握好作业条件

通常采用甘蔗深松作业的土壤质地主要为黏质土和壤土。适宜深松的土壤含水率一般为 12%～22%。

对长期采用旋耕、翻耕作业方式而使地块产生犁底层,或当土壤容重大于 1.4 g/cm^3,并且影响作物生长时,应适时进行甘蔗深松整地作业。

对 25 cm 以下为砂质土的甘蔗地块,不宜开展深松整地作业。

(三) 确定甘蔗地深松深度

深松机第一次对甘蔗地实施深松时,一定要透过犁底层,不分土壤类型,要根据土壤耕层的实际分布状况逐渐加深。在进行深度确认工作时，要结合深松的目的与土壤的种类，因地制宜开展深松作业。深松深度要根据犁底层的状况来确定，通常为 35～40 cm。如果地面犁底层很厚、土壤比阻较大，就需要使用普通联合整地机完成深松整地作业，在深、浅松铲的联合作用下进行复式深松，将犁底层分层打破，保证耕层土壤松紧适宜。

（四）掌握甘蔗深松时间

甘蔗深松整地作业主要在耕整地和苗期进行，一般大部分地区是以耕整地环节深松为主，主要集中在春、夏两季；苗期深松应在株高 50 cm 以下、降雨前进行，便于机车通过。可疏松耕层土壤，提高蓄水能力，促进甘蔗根系下扎，增强抗旱、抗涝、抗倒伏能力。甘蔗深松整地技术可以将雨水储存在土壤中，因此，通常都是在雨季到来之前开展深松整地工作，有利于储存夏季的雨水，使土壤表面形成径流，实现抗旱和排涝的作用。

（五）选择合适的深松机型

现阶段，我国甘蔗地实施深耕深松的传统机具主要有深耕铧式犁、凿铲式深松机、圆盘犁等，而圆盘犁常用于砂质、杂草多等甘蔗地作业。随着土地流转整合大地块面积的增多，现有些农机合作社、大农场运用液压翻转犁、深松旋耕联合作业机实施深耕深松作业。此外，随着耕作技术不断进步，有的蔗区用粉垄机械进行深耕深松作业。

1. 根据作业形式选择深松机型

对工作阻力较小的甘蔗地，应选择间隔深松机，这类机具也称行间深松机，主要是利用带有较强入土性能的铲柄和铲尖深入土壤，使得土壤被抬起、放下而松动，同时穿破犁底层。为扩大土层的深松范围，可在深松铲上安装双翼铲。间隔深松后形成虚实并存的耕层结构，虚部能保墒蓄水，实部能提墒供水。这类机具每个深松铲需要的动力为22 kW左右，应匹配相对应马力的拖拉机。对要求松土范围大、碎土效果好的甘蔗地，应选择全方位深松机。这类机具多采用"V"形铲刀部件，耕作时从土层的底部切离出梯形截面的土垡条，并使其抬升、后移、下落，使得土垡条得以松碎。但动力消耗较大，应匹配较大马力的拖拉机。

2. 按作业功能选择深松机具类型

以松土、打破犁底层为主，采用全面深松法，选用全方位、偏柱式、松旋、松耙、松翻联合作业机；以蓄水、散墒和造墒为主，常采用局部深松法，适合甘蔗行间深松和中耕深松，用于干旱地区或旱情加重时段，采用表土扰动小的深松机进行深松作业，最大限度减少表土扰动造成土壤水分散失，可选用凿铲式深松机；以完成灭茬、旋耕、深松等多项作业为主，可选用复式作业机，该类机型包括浅翻深松机、旋耕深松机以及旋耕深松施肥联合整地机、旋耕深松起垄联合整地机等（黄林，2019）。

（六）深耕深松甘蔗种植要求

在深耕深松种植技术中，甘蔗的种植一般为密植，但是植株过于密集并不利于甘蔗的生长，因此在种植过程中要合理密植。目前推广种植的良种中大部分为中大径种，要求每亩（1 亩≈667 m²）基本苗数为 5 000～6 000 株，在种植过程中要根据甘蔗的品种及分蘖能力来确定植株密度，春植蔗下种一般保持每亩 7 000～8 000 个芽，冬植蔗可适当增加芽 15%～20%，每亩 8 500～9 000 个芽，而秋植蔗下种量可减少芽 15%～20%，每亩 5 000～6 000 个芽即可；植蔗沟行距为 120 cm 左右，沟深 30～40 cm，沟底宽 25～35 cm；在种植时要将甘蔗种芽摆放种植，摆放时要将种芽呈"品"字形、铁轨式双行窄幅或者横排摆放，行与行之间的间距保持在 10 cm 左右，排放好后立即盖土，盖土厚度为 5 cm 左右。在这一过程中一定要保证覆土要浅、土壤要压实、蔗沟要深。在完成下种、施肥、喷除草剂等工序后，进行地膜覆盖（甘冠华，2016）。

四、国外蔗田耕整地技术

（一）田块规划

为了优化甘蔗生产系统的各生产要素，土地需要合理规划以便在农田作业过程中产生的时间中断最少。

田块要足够大，以使甘蔗收获机充分发挥功能，田块不需要都在同一位置，但要相隔较近，可以减少机械在不同地块间转移的时间。

每块地留 6 m 以上的地头，使农业机械有充分的转弯空间以便快速掉头，并且使拖运甘蔗的车辆能够通过。另外，为了进一步提高生产率，每行长度应尽可能长 400 m。田块应连成片以使输电线路排水沟和灌溉渠道等不会引起作业中断，提高机器的生产效率。

（二）蔗田清理

要清除石块和老树根。农业机械特别是甘蔗收割机遇到大石块和树根时会受损很大，小石块虽然可由机器处理，但会大大增加机器的使用和维修费用。澳大利亚研究者的经验表明，如果不合理清理土地，机器的使用和维修费用预计将增大 1 倍。

（三）土地耕整

采用各种形式的铧式犁、系列圆盘犁和双向圆盘犁等耕地，耕深 30 cm 左右。在土质较松软的地方，也常采用重耙代替犁耕，速度快、效果好。耙地采用偏置式圆盘耙，碎土性能较好，耙地深度一般为 12～15 cm。

各国普遍采取深松技术，打破由于农业机械作业形成的土壤硬底层，利用更深层土壤的养分，为甘蔗生长准备一个充分的种床，土壤深松一般采用多齿深松铲，松土深度为 38～45 cm。

2011 年，澳大利亚甘蔗生产已发展到采用全球定位系统（GPS）规划线路和自动导航技术,从耕整地开始,所有机器都尽量采用统一的轮距,所有作业都采用同一路线,实现固定道作业。作业效率更高,车轮很少出现碾压蔗基现象,土壤压实的副作用减小(区颖刚 等,2018)。

参考文献

甘冠华,2016.扶绥县甘蔗深耕深松种植技术要点分析与应用 [J].农技服务,33(16):44,43.

黄林,2019.甘蔗深松整地技术推广应用浅析 [J].种子科技,37(8):37-38.

区颖刚,刘庆庭,杨丹彤,等,2018.甘蔗生产机械化研究 [M].镇江:江苏大学出版社:25,119.

区颖刚,谭中文,罗锡文,等,2002.综合节水技术在甘蔗生产中的应用研究:耕作方式对土壤特性及甘蔗苗期生长的影响 [J].华南农业大学学报(自然科学版),23(3):78-80.

杨坚,2005.1LD-440型深耕犁的仿真研究 [D].南宁:广西大学.

张跃彬,郭家文,2008.蔗区土壤与甘蔗科学施肥 [M].昆明:云南科技出版社:8-11.

第二章 甘蔗深耕深松技术配套机具

甘蔗生产机械化深耕深松作业作为甘蔗耕整地最基础也是最关键的一个环节，其作业的效果对甘蔗后续的播种或种植以及农作物的生长过程都有直接或间接的影响。为更好使用和推广甘蔗深耕深松技术，本章主要围绕目前我国甘蔗生产中使用的深耕铧式犁、圆盘犁、液压翻转犁、凿式深松机、深松旋耕联合机、粉垄深耕深松机等甘蔗深松深耕机械的基本知识、安全使用技术、维护保养技术、常见故障的诊断技术、修理修复技术等，以及主要应用的机型及其关键技术参数进行分析。

第一节 深耕深松技术机理和作用

粉垄耕作作为深耕深松耕作技术中延伸的较新技术，为更好区别于一般机械实施深耕深松作业介绍，本节及后续章节对粉垄耕作技术做单独分析。

一、技术定义

（一）深耕深松技术

深耕是指采用有壁犁的耕作，耕作时将表土翻下，底土翻上，打乱耕作层的土壤结构的一种机械化整地技术。采用大型拖拉机配套深耕犁进行的翻耕作业，耕深要求在 30～40 cm。

深松是指不打乱原有土层结构的情况下，用深松机具对犁底层和心土层进行深层松动土壤的一种机械化整地技术。采用大型拖拉机配套深松机（器）进行深松不翻土的耕作作业，深松深度为 40～60 cm。

深耕深松是指利用作业机械实现上翻下松不乱土层的耕作技术（杜国传 等，2012）。

（二）粉垄技术

粉垄是指利用粉垄深耕深松机械对蔗地土壤横向快速旋磨粉碎，对耕地进行不同深度的耕作，土壤粉碎均匀一致且下层生土不上翻而达到深耕深松的机械化技术（韦本辉 等，2012）。

二、深耕深松技术的作用与机理

深耕可加深耕层，疏松土壤，增加土壤中的孔隙度，增强雨水入渗速度和数量，使甘蔗能及时吸收肥料，促进苗期生长和提高分蘖率，达到壮苗的目的。

深松可保持原有耕作层，达到深松而不翻转土壤的目的，使地表保持覆盖，减少水分蒸发，提高土壤保水能力；可打破犁底层，增加雨水入渗能力，消除土壤压实，加深耕层，改善土壤蓄水保肥性能，为甘蔗创造良好的土壤条件（杜国传 等，2012）。

粉垄保持了种植沟内的土壤疏松，增加了土壤的通透性，最大限度实现深耕又深松，大量贮藏土壤降水，有利于甘蔗全生育期内根系深扎对水分、养分的需求，培植健壮植株，提高甘蔗抗逆性，实现甘蔗"增产、增糖"的目的（韦本辉 等，2011）。

三、技术要求

蔗地深耕机械化技术要求：适耕条件为土壤含水率 15%～22%；深耕深度一般30～40 cm，且深度一致；立垡、回垡率小于3%；耕幅一致，避免重耕、漏耕，植被覆盖率达 85%以上；深耕时间一般应在雨季开始之前进行，以便充分接纳雨水。

蔗地深松机械化技术要求：以破碎犁底层为原则，适耕条件为土壤含水率 15%～20%，深松深度 40～60 cm，深松深度、间距尽量保持均匀一致，各行深松误差±2 cm、凿形铲宽为 4.6 cm、双翼铲宽为 10 cm 左右是深松质量比较理想状态（杜国传 等，2012）。

蔗地粉垄技术要求：一是蔗地地面以下 50 cm 内土层没有影响粉垄机械耕作的石块或者其他障碍物；二是旱坡地在 15°以下，粉垄机械能正常下地耕作。

四、作业机具

（一）深耕作业机具

深耕作业机具主要分为拖拉机悬挂式和自走式两种。

1. 拖拉机悬挂式深耕机具

拖拉机悬挂式深耕机具主要有深耕铧式犁、液压翻转犁和圆盘犁，与大型拖拉机配套使用。

（1）深耕铧式犁

深耕铧式犁是生产中应用最广泛的深耕机械，它具有良好的翻垡覆盖性能，耕后植被不露头，回立垡少，为其他机具所不及。但是铧式犁的最大缺点是牵引阻力较大，田间残茬、杂草多时易发生堵塞。目前甘蔗生产中常用的深耕铧式犁机具有：1LD-335（340）型三铧犁、1LD-440 型四铧犁、1LH-338 型三铧犁、1LH-430（438）型四铧犁、1L-330 型悬挂三铧犁、1LS-245 悬挂深耕三铧犁、1LS-45 深耕系列铧式犁、1LH-345E 深耕犁、1LHT340 型智能深松铧式铧等。

（2）液压翻转犁

又称液压反转双向犁（Hydraulic reversible ploughs），由双联分配器控制犁的升降和犁的翻转，交替更换到工作位置，主要应用于农业上的开土、碎土。液压翻转犁具有作业时地头空行程少，无须分墒、合墒，可以沿犁沟来回梭形作业无沟、垄，翻垡一致等优点，近年来受到市场热捧，逐渐取代了传统的牵引犁及悬挂犁。大型甘蔗种植农场常用的机型有1LF-350型液压保护式翻转犁、1LF-327液压翻转双向犁、1LYFT-350液压翻转犁等。

（3）圆盘犁

圆盘犁以圆盘犁体为工作部件，牵引阻力较小，耕作过程中带刃口的圆盘旋转，能切碎干硬土壤，切断甘蔗叶、草根和作物根系，特别适于杂草、作物秸秆多的砂质土壤耕翻作业，具有良好的通过性。目前常用的圆盘犁机具有1LY-530圆盘犁、1LY-330圆盘犁、1LY-425圆盘犁、1LYQ（Z）-827驱动圆盘犁、1LYQ-630驱动圆盘犁等（杨艳丽 等，2019）。

2. 自走式深耕机具

自走式深耕机具指的是粉垄深耕深松机，该机是一种新型的大型旱地深耕深松机械，主要通过立式螺旋钻头，实现深耕深松、碎土效果，且不打乱原来的土壤结构。目前使用的机型主要有广西五丰机械有限公司与广西壮族自治区农业科学院合作开发的自走式粉垄深耕深松机。

（二）深松作业机具

深松作业机具可分为单一深松作业机具和联合深松作业机具两种。

1. 单一深松作业机具

单一深松作业机具有两大类：一是凿形铲式深松机，有3～6铲式不同数量深松犁柱机型；二是带翼铲柱式（浅翻式）深松机。

凿形铲式深松机有3～6铲不同深松铲数量的机型，其结构特点是松土铲为凿形铲，实际上是一矩形断面铲柄的延长，其下部按一定的半径弯曲，铲尖呈凿形。利用铲尖对土壤作用过程中产生的扇形松土区来保证松土的宽度，对土壤耕层的搅动较少，深度可达到40 cm以上，不翻动土层，具有松土后地表起伏不明显、土壤疏松适度、耕后沟底形成暗沟等特点。根据作业需要，深松深度可调。目前常用的凿形铲式深松机有1ZL-3型深松机、3ZSL-2B型深松机、1SL-4B（5B）型深松机、1ST-3D松土机等。

带翼铲柱式（浅翻式）深松机具有一个高强度的铲柄，在铲柄两侧各安装有略向上翘且固定的翼铲，能够实现底土壤层间隔疏松、表层全面疏松。作业时，土壤表层20 cm之内全面疏松，松土质量较好，作业后地表平整。目前常用的带翼铲柱式深松机有1SL-160型深松机、1SFL-120浅翻深松机、1SFL-160浅翻深松机等。

2. 联合深松作业机具

联合深松作业机具主要是深松旋耕联合作业机，该类机型由深松、旋耕两个工作部件组成，为悬挂式，与大型拖拉机配套。深松、旋耕两者在同一机具上组合可使其优、缺点互补，一次完成深松和整地作业，形成上碎下松的种床，改良土壤的层粒结构和渗水、透气性能，有利于作物根系的生长发育。目前常用的深松旋耕联合作业机主要有1SG-230型深松旋耕联合作业机、JD 1SL 系列深松旋耕联合作业机、DC30 深松（立式）旋耕联合作业机、1SZL-230 型深松旋耕联合作业机等（杨艳丽 等，2019）。

（三）粉垄作业机具

粉垄深耕深松机具主要有自走式、牵引式和悬挂式 3 种。

粉垄机械以"螺旋形钻头"替代传统耕作工具"犁头"，一次性比传统耕作加深 1 倍并完成整地任务，实现深耕又深松，"螺旋形钻头"垂直入土 30～50 cm，高速旋磨切割粉碎土壤一次性完成传统耕作的犁、耙、打等作业程序，达到播种或种植作物的整地标准，可增产提质保水，3～5 年能持续保持耕层相对深松状态并持续增产，使土壤长时间保持疏松状态，重构土壤四库（营养库、水库、氧气库、微生物库），提高肥料利用率。广西五丰机械公司研发并具有知识产权的自走式粉垄机，包括1FSGL-160 型、1SGL-200 型、1FSGL-230 型等（张晋，2017）。

五、注意事项

深耕作业宜在前茬作物收获后，根据土壤水分状况及时进行，因为这时耕地可及时将地面的残茬和残草翻入土中腐烂，减少以后病虫害和杂草繁殖，同时也有较多的机会接纳降水和促进土层熟化，特别是需要晒垡的，争取早耕更为重要。

深耕是重负荷作业，一般用大中型拖拉机及配套机具进行，深耕要因地制宜，根据当地的土层深浅确定，尽量避免将深层生土翻入耕层。

深耕周期可根据甘蔗生产周期进行，一般一年新植、两年宿根、三年深耕一次为宜。

深耕的同时应配合加施有机肥。由于深耕土层加厚，土壤养分缺乏，配施有机肥后，可促进土壤微生物的活动，加速土壤肥力的恢复（广西壮族自治区农机化技术推广总站，2004）。

第二节　深耕机械

一、深耕铧式犁

（一）犁的作用和分类

1. 犁的功用

犁是以翻土为主要功能，并有松土、碎土作用的土壤耕作机械。甘蔗地在栽培作物后，由于土壤的自然下沉，加上雨水淋溶、风沙侵袭、人畜践踏和机具碾压，致使表层土壤团粒结构受到破坏，组织板结，肥力降低；同时，在甘蔗收获后，地面上总是留下许多残根杂草有待清除，这都要求在种植下一季作物之前对土地进行耕翻，将肥力低的上层土壤翻到下层，将下层的良好土壤翻到上层，使其破碎、熟化，将地表的残茬、秸秆、杂草、肥料及病菌、虫卵等翻埋入土，从而促使土壤有机质的分解，提高土壤肥力和蓄水能力，改善土壤结构，消灭病虫害。另外，耕地还可使甘蔗地土质疏松，从而使甘蔗地土壤能够保持适当的空气和水分，以利于甘蔗生长（沈瀚 等，2009）。

2. 犁的类型

我国南方蔗区目前使用的主要是悬挂犁系列铧式犁。

悬挂犁通过悬挂架与拖拉机的三点悬挂机械连接，靠拖拉机的液压提升机构升降，在运输状态时，拖拉机的液压悬挂机构将整台犁升起，其结构紧凑、重量轻、机组机动灵活，可在较小地块上作业，但入土性能不如牵引犁，多与大中型马力拖拉机配套。悬挂犁由犁体、圆犁刀、犁架、悬挂装置和限深轮等组成，见图2-1。当拖拉机液压悬挂机构采用高度调节耕作时，限深轮用来控制耕深（沈瀚 等，2009）。

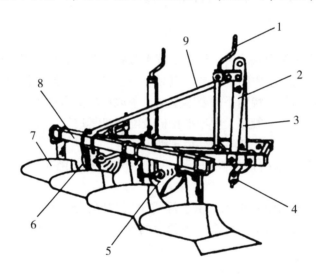

1—调节手柄；2—右支杆；3—左支杆；4—悬挂轴；5—限深轮；
6—圆犁刀；7—犁体；8—犁架；9—中央支杆。

图2-1　悬挂犁结构示意

铧式犁是世界上使用最广的耕作机械，可有效应用于甘蔗地的耕整地作业（冯雅丽 等，2015）。圆盘犁切断草根的能力较强，但覆盖性能不如铧式犁。用铧式犁和圆盘犁耕翻的土壤，其细碎、平坦程度一般达不到播种的要求，因此，犁耕后还须进行锄地、镇压等后续作业。此外，用铧式犁和圆盘犁耕地需要很大的牵引力，而拖拉机所产生的最大牵引力受轮胎附着性能的限制，其功率得不到充分利用。19世纪末以来，许多国家和地区都在探索新的耕地工具，创制了各种驱动型土壤耕作机械，如旋耕机、旋转锄等（沈瀚 等，2009）。它们的突出优点是可以一次获得非常疏松细碎的种床，但生产率较低，能量消耗较多，翻埋残茬、杂草和肥料的功能也不如铧式犁（董新蕊，2014）。

3. 铧式犁的构造

铧式犁犁体由犁铧、犁壁、犁侧板和犁柱组成一个整体，通过犁柱安装在犁架上。其作用是插入土壤（入土），垂直和水平地切出土垡（切土），并对其进行破碎和翻转（碎土和翻土）。犁铧铧尖起入土作用，铧刃起水平切土作用，胫刃起垂直切土作用。犁壁胸部主要起碎土作用，翼部主要起翻土作用，犁侧板主要起平衡侧压力的作用（谢敏，2016），具体结构见图2-2、图2-3。在甘蔗耕整作业中，犁体入土后，由铧尖、铧翼尾部和侧板末端三点支持，以保持工作稳定。

图2-2　铧式犁

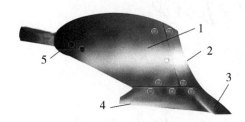

1—犁壁胸部；2—股刃线；3—犁铧；4—铧刃线；5—犁壁翼部。

图2-3　铧式犁结构

由于土壤条件和耕作要求不同，各地区所使用的铧式犁结构可能不完全一样，但基本组成部分是相同的。铧式犁的主要工作部件是犁体，此外，还有犁刀、覆茬器和安全器。

（1）犁　体

犁体是铧式犁的主要工作部件，其工作面起着在垂直和水平方向切开土壤并进行翻土、碎土的作用，达到覆盖杂草、残茬和疏松土壤的目的。为保证耕地质量，还可根据耕作要求及土壤情况，在主犁体前安装小犁刀等附件。犁体一般由犁铧、犁壁、犁侧板、犁柱及犁托等组成。犁铧、犁壁、犁托等部件组成一个整体，通过犁柱安装在犁架上。犁铧和犁壁的工作面组成犁体曲面。耕地时，土垡沿犁体曲面上升、破碎并翻转（沈瀚 等，2009）。有的犁体上装有延长板，以增强翻土效果。南方旱作犁上装有滑草板，防止杂草、秸秆等缠在犁柱上。

（2）犁铧

犁铧具有入土、切土作用，常用的有凿形、梯形和三角形犁铧。凿形犁铧分为伴尖、伴翼、伴刃、伴面等部分。伴尖呈凿形，向下延伸 5～10 mm，工作时，伴尖首先入土，然后伴刃水平切土，土垡沿伴面上升到犁壁。凿形犁铧入土较容易，工作较稳定，因而可用于较黏重土壤，有的还在背部贮有备料，以便磨损后修复。梯形犁铧铧刃为一直线，整个外形呈梯形；与凿形铧相比，入土性较差，铧尖易磨损，但结构简单、制造较容易。三角形犁铧一般呈等腰三角形，有两个对称的铧刃，主要用在畜力犁上，其缺点是耕后沟底面容易呈波浪状，沟底不平，具体结构见图 2-4 至图 2-6。犁铧的材料一般采用坚硬、耐磨、具有较高强度和切性的钢材，刃口部分须经热处理（沈瀚 等，2009）。

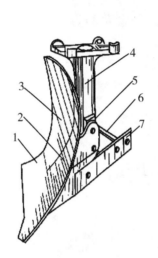

1—犁铧；2—前犁壁；3—后犁壁；4—犁柱；5—犁托；6—撑杆；7—犁侧板。

图 2-4　常见的铧式犁体

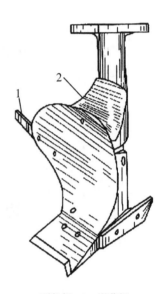

1—延长板；2—滑草板。

图 2-5　南方犁

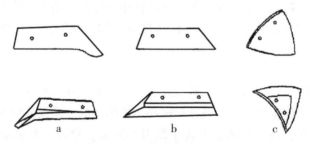

a—凿形犁铧；b—梯形犁铧；c—三角形犁铧。

图 2-6　常用犁铧形式

犁铧一般采用 65 号锰钢和稀土硅锰钢制造，刃口磨锐并淬硬。磨刃的方法有上磨刃和下磨刃两种，一般采用上磨刃，刃角为 25°～30°，刃口厚度为 0.5～1.0 mm。由于犁铧工作阻力大，磨损严重，使用中应及时磨锐（肖兴宇，2009）。

另外，犁体曲面的扭曲形状不同，犁的碎土和翻土性能也就不同。翻垡型犁曲面扭曲度较大，以翻土为主，适用于多草地及绿肥田；碎土型犁体曲面扭曲很小，以碎土为主，适用于熟地；窜垡型犁体曲面的犁胸部分较陡，使垡片蹿起后再向前侧断条扣垡，适用于水田和架空晒垡；通用型犁体曲面介于翻垡型和窜垡型之间，它兼具翻垡和架空晒垡的性能，应用较为广泛。

（3）犁 壁

犁壁与犁铧一起构成犁体曲面，将犁铧移来的土壤加以破碎和翻转。犁壁有整体式、组合式和栅条式3种，见图2-7。犁壁与犁铧前缘一起组成犁胫，是犁体工作时切出侧面犁沟墙的垂直切土刃。犁壁的前部称为犁胸，后部称为犁翼，这两部分的不同形状，可使犁壁达到滚、碎、翻、窜等不同的碎土、翻垡效果，满足农艺的不同要求。犁壁一般由钢板冲压而成，由于犁壁前部磨损较快，磨损后不致更换整个犁壁，常将犁壁分两部分制造，即组合式犁壁（沈瀚 等，2009）。

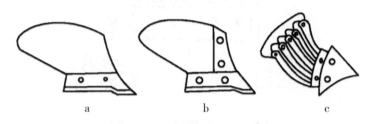

a—整体式；b—组合式；c—栅条式。

图2-7 犁壁的形式

犁壁的材料应坚韧耐磨，能抗冲击，因此常用3层复合钢板制成，中间软层为低碳钢，表面和背面为45号钢或低合金钢。犁壁也有用4~6 mm的低碳钢板掺碳处理而成（肖兴宇，2009）。

（4）犁侧板

犁侧板位于犁铧的后上方，耕地时紧贴沟壁。最常用的是平板式犁侧板，犁侧板的后端始终与沟底接触，极易磨损。除平板式犁侧板犁，还可以见到刀形侧板犁，见图2-8、图2-9。侧板安装时，一般使其与沟底和沟壁成角度，而构成只有犁尖和犁踵接触土壤的情况，增加了犁铧刃对沟底的压力及犁胫刃对沟墙的压力，从而使犁在工作时始终有一种增大耕深和耕宽的趋势。

（5）犁托和犁柱

犁托是犁铧、犁壁和犁侧板的连接支撑件。其曲面部分与犁铧和犁壁的背面贴合，使它们构成一个完整的、具有足够强度和刚度的工作部件。犁托又通过犁柱固定在犁架上。犁托和犁柱又可制成一体，成为一个零件，称为组合犁柱或高犁柱。犁托常用钢板冲压，也有部分用铸钢或球铁铸成（沈瀚 等，2009）。

犁柱上端用螺栓和犁架相连，下端固定犁托，是重要的连接件和传力件。犁柱有钩形柱和直犁柱两种，见图2-10。钩形犁柱一般采用扁钢或型钢锻压而成；直犁柱多用

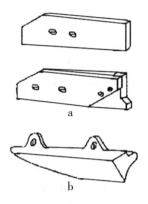

a—平板形；b—刀形。

图 2-8　犁侧板的常用形式

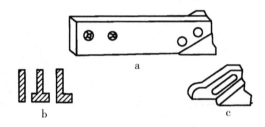

a—犁侧板；b—侧板断面形式；c—犁踵。

图 2-9　犁侧板和犁踵

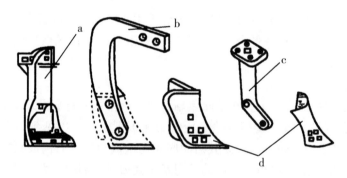

a—柱；b—钩形犁柱；c—直犁柱；d—犁托。

图 2-10　犁托和犁柱

稀土球铁或铸钢制成，多为空心管状，断面有三角形、圆形或椭圆形等形式（肖兴字，2009）。

（6）犁　架

犁架是犁的骨架，用来安装工作部件和其他辅助部件，并传递动力，因此犁架应有足够的强度和刚度。犁架的结构形式有平面组合犁架、三角形犁架、整体犁架 3 种。平面组合犁架多用在牵引犁上；三角形犁架用在北方系列悬挂犁上。它由主梁（斜梁）、纵梁和横梁组成稳定的封闭式三脚架。犁体安装在斜梁上，犁架前上方安装悬挂架，通过支杆和梁架后端相连，形成固定人字架。犁架多用矩形管钢焊接而成，重量轻，抗弯性能好。

（7）悬挂装置

与拖拉机液压悬挂机构相连，实现犁和拖拉机的挂结，并传递动力，还能起到调整犁的工作状态的作用。悬挂装置主要由悬挂轴组成。悬挂架的人字架安装在犁架前上方，并通过支杆与犁架后部相连；人字架上端有2个或3个悬挂孔，与拖拉机悬挂机构上的上调节杆相连；悬挂轴左右端的销轴则与拖拉机悬挂机构中间的下拉杆相接，从而构成了悬挂犁的三点悬挂状态，见图2-11。

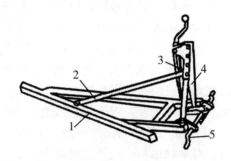

1—犁架；2—支杆；3—悬挂轴调节丝杠；4—人字架；5—悬挂轴。

图2-11 悬挂犁悬挂装置

悬挂轴的结构形式有整轴式和销轴式两种。整轴式一般为曲拐轴式。曲拐式悬挂轴轴的两端具有方向相反的曲拐，是犁的两个悬挂点。悬挂轴在犁架上安装的高低位置和横向左右位置可根据需要进行调整，从而调整犁的耕宽。

销轴式悬挂轴分为左悬挂销、右悬挂销，分别安装在犁架前部左右两端，结构简单，调整方便。右悬挂销用螺母安装在犁架右端销座上，有两个安装孔位可供选用。左悬挂销通过耕宽调节器安装在犁架左端。耕宽调节器在犁架上有上、下两个安装位置，左、右位置可根据需要进行调整。耕宽调节器在犁架上的安装，见图2-12（肖兴宇，2009）。

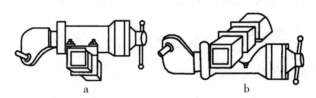

a—在横梁上部；b—在横梁下部。

图2-12 耕宽调节器的安装

（8）铧式犁上特殊机构装置

随着技术的不断研发进步，在传统的铧式犁上应用了新的装置，如安全装置、双向犁的翻转机构、铧式犁耕深自动控制装置等（王晋，2019）。

①安全装置。是指当犁碰到意外的障碍时，为防止犁铧损坏而设置的超载保护装置，并不是所有犁都需要配备安全装置。一般轻型犁和在无障碍物的地上使用的犁都不设安全装置；而在多石地或开荒地上使用的犁，特别是高速作业机组，设置安全装置则显得非常重要。安全装置分为整体式和单体式两类，其中整体式主要用在牵引犁上，当耕作过程出现超负载力作用时，安全装置就脱钩使犁与拖拉机脱开，达到保护犁的作用；单体式是在每个犁体上安装安全装置，可以实现单体保护；按照结构形式与作用特点不同，安全装置分为刚性、弹性、半自动和全自动等类型。常见的单体式犁体安全装置有销钉式、弹簧式和液压式3种。销钉式的作用原理是当犁体碰到障碍物引起超载时，销钉被剪断起到保护作用，但销钉被剪断后必须停车才能更换；弹簧式与液压式安全装置的作用原理相同，犁体在障碍的异常载荷作用下会克服弹簧或液压油缸的作用力而升起，越过障碍后，自动复位。不需停车即可连续工作，工作效率高，但结构复杂。

②双向犁的翻转机构。普通铧式犁只能单向（右侧）翻垡，若在犁架上安装两组犁体或犁体上采用双向犁壁，通过翻转机构实现自动换向，能使垡片向左、向右交替翻转，则为双向犁。双向犁的优点：机组在往返行程中，土垡均向同一侧翻转，耕后地表平整，不会出现普通犁耕地形成的沟和埂；对于耕斜坡地，沿等高线向坡下翻土，可减小坡度；耕地时可由地块一侧开始，直到地块另一侧，不必在地中开墒。在地头转弯时，空行少，工作效率较高；对小块地和不规则地块耕作，也具有优越性。因有上述特点，故尽管双向犁的结构比较复杂，重量较大，仍得到很快的发展与普及，特别是在西欧一些国家，其应用非常多。目前，我国许多地区也开始大量使用双向犁。

③耕深自动控制装置。传统的液压犁具主要依靠操作员操作手柄与力调节弹簧控制液压油缸，最终控制悬挂犁具的升降。常州工程职业技术学院把微控制器、传感器与悬挂犁具结合，开发出一套自动监测、自动控制犁具耕深的装置系统。该系统以STM32F429为核心处理器，在悬挂系统上、下拉杆的连接轴处及提升臂上分别集成拉力传感器及角度传感器，主控器外接液晶显示屏（LCD显示屏），以表盘形式实时显示犁具状态信息，以电磁阀代替传统液压分配器，以按钮式控制面板代替传统机械操作杆，主控制器根据悬挂犁传感器数据及预设耕地深度，采用拉力、位置综合调节算法，向电磁阀发送控制指令自动控制犁具的升降。实践证明，该套装置极大提高了犁具的智能化程度，在犁具耕地质量及拖拉机利用效率上均有极大改善。

（二）铧式犁的安装与调整

1. 安装的技术要求及检查

要使悬挂犁的作业质量好，效率高，不出故障，而且使用寿命长，必须注意正确安装调整及操作使用、维护保养和故障排除等方面的问题（陈国柱，2019）。

（1）主犁体的安装

正确安装主犁体，可以减小工作阻力，节省燃油消耗，保证耕地质量。主犁体安装应符合以下技术要求。

①犁铧与犁壁的连接处应紧密平齐，缝隙不得大于1 mm。犁壁不得高出犁铧，犁

铧高出犁壁不得超过 2 mm。

②所有埋头螺钉应与表面平齐，不得凸出，下凹量也不得大于 1 mm。

③犁铧和犁壁的胫刃应位于同平面内。若有偏斜，只准犁铧凸出犁壁之外，但不得超过 5 mm。

④犁铧、犁壁、犁侧板在犁托上的安装应当紧贴。螺栓连接处不得有间隙，局部处有间隙也不能大于 3 mm。

⑤犁侧板不得凸出胫刃线之外。

⑥犁体装好后的垂直间隙和水平间隙应符合要求。犁的垂直间隙是指犁侧板前端下边缘至沟底的垂直距离，见图 2-13，其作用是保证犁体容易入土和保持耕深稳定性。犁体的水平间隙指犁侧板前端至沟墙的水平距离，其作用是使犁体在工作时保持耕宽的稳定性。通常梯形犁铧的垂直间隙为 10～12 mm，水平间隙为 5～10 mm；凿形犁铧的垂直间隙为 16～19 mm，水平间隙为 8～15 mm。当铧尖和侧板磨损后，间隙会变小，当垂直间隙小于 3 mm，水平间隙小于 1.5 mm 时，应换修犁铧和犁侧板（杨丹彤，2000）。

a—垂直间隙；b—水平间隙。

图 2-13　犁体的垂直间隙和水平间隙

（2）总体安装

犁的总体安装是确定各犁体在犁架上的安装位置，保证不漏耕，不重耕和耕深一致，并使限深轮等部件与犁体有正确的相对位置。以 1LD-435 型悬挂犁为例，其安装可按下列步骤进行。

①选择一块平坦的地面，在地面上画出横向间距的单犁体耕幅（不含重耕量）的纵向平行直线，以铧尖纵向间距依次在各纵向直线上截取各点，使各犁体分别放在纵向平行线上，使犁铧尖与各截点重合。

②使犁架纵主梁放在已经定位的犁体上。按表 2-1 中的尺寸安装限深轮，转动耕深调节丝杆，使犁架垫平。

③前后移动犁架，使第一铧犁柱中心线到犁前梁的尺寸符合表 2-1 的要求。

表 2-1　1LD-435 型悬挂犁安装尺寸

项目	数值
第一件犁柱中心线到犁架前梁里侧的距离	150 mm
犁体耕幅	350 mm
犁间的纵向间距	800 mm
限深轮中心线到犁架外侧的距离	420 mm 左右

（3）总体安装后应符合的技术要求

①当犁放在平坦的地面上，犁架与地面平行时，各犁铧的铧刃（梯形铧）和后铧的犁侧板尾端与地面接触，处于同一平面内。其他的犁侧板末端可离开地面 5 mm 左右。各铧刃高低差不大于 10 mm，铧刃的前端不得高于后端，但允许后端高于前端不超过 5 mm。凿形犁铧尖低于地面 10 mm。

②相邻两犁铧尖的纵向和横向间距应符合表 2-1 规定的尺寸要求。

③各犁柱的顶端配合平面应与犁架下平面靠紧。各固定螺栓应紧固可靠。

④犁轮和各调整应灵活有效。

2. 悬挂犁的挂接与调整

（1）悬挂犁的挂接特点

悬挂犁一般以三点悬挂的方式与拖拉机相连，其牵引点为虚牵引点。悬挂犁在拖拉机上挂接的机构简单，见图 2-14，在纵垂直面内，犁可看作悬挂在 abcd 四杆机构上，工作中 bc 杆的运动就代表犁的运动，在某一瞬间，犁以 ab 与 cd 延长线的交点 π_1 为中心作摆动，π_1 点称为犁在纵垂直面内的瞬间回转中心；在某一瞬间，犁绕 c_1d_1 与 c_2d_2 杆延长线的交点 π_2 摆动，π_2 就是犁在水平面内的瞬时回转中心，也就是犁在该平面内的牵引点。

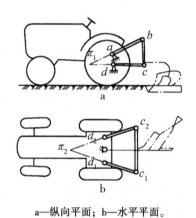

a—纵向平面；b—水平平面。

图 2-14　悬挂犁的挂接机构

（2）悬挂犁的调整

悬挂犁的调整要在与拖拉机悬挂机构连接后，结合耕作进行。悬挂犁与拖拉机悬挂机构的连接顺序是先下后上，先左后右。连接前，先检查拖拉机的悬挂机构各杆件及限位链是否齐全，上下连杆的球接头及调节丝杆是否灵活，通过转动深浅调节丝杆调整限位轮高度，将犁架调平。然后，拖拉机缓慢倒车与犁靠近。通过液压操纵手柄调整下拉杆的高度，先将左侧下拉杆与犁左销轴连接，再前后移动拖拉机和调整右侧提升杆长度，使右侧下拉杆与犁右销轴连接。最后通过液压操作手柄或调整上拉杆长度，使上拉杆与犁的上悬挂点挂接（李丽，2016）。

犁的调整包括耕深调整、前后水平调整、左右水平调整、纵向正位调整和耕幅调整等。

● 耕深调整

悬挂犁的耕深调整，因拖拉机液压系统不同，有以下几种方法。

①力调节法见图2-15。调节耕深时，改变拖拉机力调节手柄的位置，若向深的方向扳动角度越大，则耕深越大。耕地时，其耕深a由液压系统自动控制，耕地阻力增加时，上调节杆受到的压力增加，耕深a会自动变浅，使阻力降低；反之，则自动下降变深些，使犁耕阻力不变，减轻驾驶员劳动强度，又使拖拉机功率充分发挥。

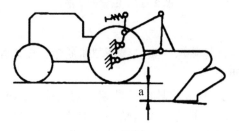

图2-15　力调节法

②高度调节法见图2-16。调节时，通过丝杆改变限深轮与机架间的相对位置。

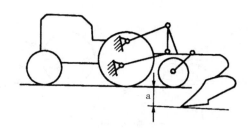

图2-16　高度调节法

提高限深轮的高度，则耕深a增加；反之减少。犁在预定的耕深时，限深轮对土壤压力应适应。压力过大，滚动阻力增加；过小则遇到坚硬土层，限深轮可能离开地面，使犁的耕深不稳。根据试验，先使犁达预定耕深后，将限深轮升离地面继续工作，测定最后一个犁体耕深比预定耕深大3～4 mm，则限深轮受到支反力为合适。超过4 mm说明限深轮对土壤压力过大；不足3 mm说明限深轮压力过小，应适当调节上、下悬挂点的位置，以获得适当的入土力矩。升犁时，先将拖拉机上的液压手柄向上扳，然后在"中立"位置固定；降犁时，把手柄向下压，并固定在"浮动"位置上。采用高度调节法耕地，工作部件对地表的仿行性较好，比较容易保持一致。

③位置调节法见图2-17。耕地时，犁和拖拉机的相对位置不变，当地表不平时，耕深a会随拖拉机的起伏而变化，仅能在平坦的地块上工作，故犁耕时较少采用。

以上耕深调节方式，具体在拖拉机上相关操纵手柄及液压缸操作控制状态，详见第四章第一节。

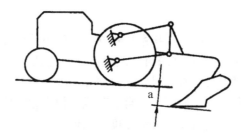

图 2-17 位置调节法

● 前后水平调整

为了使多犁体的前后犁体耕深一致，保证犁耕质量，要求犁架纵向和横向都与地面平行，因此水平调整有两个。

①纵向水平调整见图 2-18。耕地时，犁架的前后应与地面平行，以保证前后犁体耕深一致。犁在开始入土时，需要一入土角，一般为 5°~15°，达到要求的耕深后犁架前后与地面平行，入土角消失。调整的部位是拖拉机悬挂机构上拉杆，缩短上拉杆，入土角就变大。若上拉杆调整过短，会造成耕地时犁架不平，前低后高，前犁深，后犁浅；上拉杆调整偏长，则犁入土困难，入土行程大，地头留得长，犁架前高后低，前犁浅，后犁深。上拉杆调整过长，犁将不能入土。

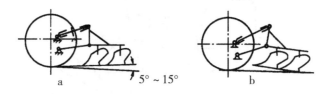

a—正确；b—错误。

图 2-18 纵向水平调整

②横向水平调整。耕地时，犁架的左右也应与地面平行，以保证左右犁体耕深一致。犁架的左右水平是通过伸长或缩短拖拉机悬挂机构和右提升杆进行调整的。当犁架出现右侧低左侧高时，应缩短右提升杆；反之，应伸长右提升杆。拖拉机悬挂机构的左提升杆长度也是可以调整的，但为了保证犁的最大耕深和最小运输间隙，应先将左提升杆调整到一定长度，然后用上拉杆和右提升杆高度调整犁架的水平位置。

● 纵向正位调整

耕地时，要求犁的第一铧右侧及后面各铧之间不产生漏耕或重耕；使犁的实际总耕幅符合设计要求。为此，除各犁体在犁架上有正确的安装位置外，还要进行犁的纵向正位调整，也就是调整犁对拖拉机的左右相对位置，使犁架纵梁与拖拉机的前进方向平行。

犁的正位调整应根据造成犁体偏斜的原因来进行。如果牵引线过于偏斜，应在不造成明显偏牵引的情况下，通过转动悬挂轴和改变悬挂销前后伸出量等方法，适当调整牵引线，使犁架纵梁与前进方向保持平行；如果因为土壤过于松软，犁侧板压入沟壁过深而造成偏斜，就应从改善犁体本身平衡着手，如加长犁侧板来增加与沟壁的接触面积，或在犁侧板与犁托间放置垫片，增大犁侧板与前进方向偏角，使犁体走正。

●　耕幅调整

悬挂犁的耕幅调整是通过改变下悬挂点与犁架的相对位置，使犁侧板与机组前进方向成一倾角来实现的。多铧犁耕宽调整，就是改变第一铧的实际耕宽，使之符合规定要求。当第一铧实际耕宽偏大，与前一趟犁沟出现漏耕时，可通过转动曲拐式悬挂轴或缩短耕宽调节器伸出长度的办法，使犁架及犁侧板相对于拖拉机顺时针摆转一个角度 α，见图 2-19。这样，当犁入土耕作时，犁侧板在沟墙反力作用下，将犁向右摆正，消除了漏耕。如果耕作中发生第一铧耕宽偏窄有重耕现象时，应作相反方向的调整，见图 2-20。

通过上述调整后，如仍不能满足要求，可再用横移悬挂轴或左悬挂点（耕宽调节器）的方法来调整。漏耕时左移悬挂轴或左悬挂点，重耕时右移。

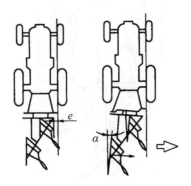

图 2-19　耕宽偏大时的调整

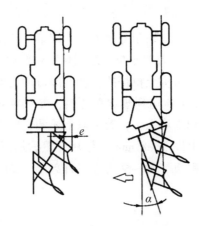

图 2-20　耕宽偏小时的调整

●　偏牵引调整

偏牵引现象可通过调整牵引线来消除。当工作中拖拉机向右偏摆时说明瞬心 π_2 偏右，牵引线位于动力中心右侧，可通过右移悬挂轴或左悬挂点的方法，使瞬心左移，牵引线通过动力中心，偏牵引现象消除。若牵引线偏左，应作相反方向的调整。横移悬挂轴或左悬挂点不仅是调整耕宽的一种方法，也是调整偏牵引的方法。工作中，一般先用转动曲拐轴或改变左悬挂点伸出长度的办法使耕宽合乎要求，若有偏牵引现象，再横移悬挂轴或左悬挂点，两者应配合进行，经反复调整达到耕宽合适又无偏牵引的状态，见图 2-21。

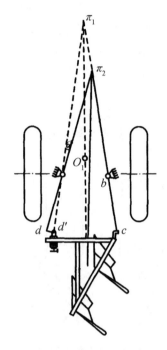

图 2-21　偏牵引调整

- 入土角调整

为使犁具有良好的入土性能，当犁开始入土，即第一犁体铲尖着地时，犁侧板底面与地面的夹角（即为入土角）应为 3°~5°。达到规定耕深时，犁侧板底面应保持水平。若犁不能入土，只要缩短悬挂机构上拉杆的长度，即可增大犁的入土角，缩短入土行程（指最后犁体铲尖着地点至该犁体达到规定耕深时，犁的前进距离），减小地头。当犁铲磨钝或犁耕坚硬土壤时，犁很难入土，若采取上述调整仍不能改变，则可在后两个犁体的犁柱与犁架的接合面放上厚 5~8 mm 的垫片，然后加以紧固，以增大犁的入土隙角，或者在犁架后部适当加配重（30~50 kg）（肖兴宇，2009）。

（三）铧式犁耕地方法

铧式犁耕地机组在作业中的行走方法对耕地质量有很大影响。对行走方法的要求是：耕后开闭垄少；地面平整；地头空行短程；工作效率高，行走方法简单明了便于记忆。单向铧式犁的行走方法最基本的有内翻法、外翻法和套耕法，在实际生产中，可根据这种基本行走方法，结合具体作业条件组合成多种行走方法，见图 2-22。

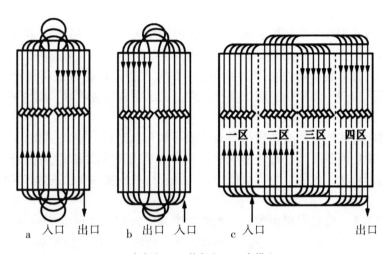

a—内翻法；b—外翻法；c—套耕法。

图 2-22　耕地的行走方法

1. 行走方法

（1）内翻法

内翻法又称闭垄法，机组由耕作区中央左倒进入开始第一犁，行至地头线起犁，顺时针方向转弯，到地头线时降犁，紧贴第一趟耕过的地耕第二趟，在开墒处形成一高起的垄台，一直将小区耕完，机组在地头空行距离一次比一次增加，每个小区的两侧各有半个开垄。开闭垄的距离为小区宽的1/2。这种耕地方法机组在头几趟转弯时，需转犁形弯，因此地头要留大一些，犁耕前在小区中线左侧还要立一行标杆，作为第一趟行驶的目标。耕后地块中央形成一垄背，两侧留有犁沟。当地块较窄且中间较低时可采用此方法。

（2）外翻法

外翻法又称开垄法，作业机组由小区的右侧进入开始第一犁。机组沿着小区边缘躲到另一地头线时升犁，逆时针转到小区左边缘地头线时又落犁，沿边缘进行第二犁，第二犁起犁后到第一犁左边，紧贴第一犁进行第三犁，如此连续不断由两边往中间犁耕，直至全小区耕完后转到另一耕区作业。这种耕法最后几趟机组也要竖转犁形弯。耕后小区中央形成开垄，小区两侧各有半个闭垄。当地块中间较高时可采用此方法。

（3）套耕法

对于有垄沟、渠道的水浇地可采用四区无环节套耕法。机组从第一区右侧进入，顺时针转入第三区左侧回犁，用内翻法套耕一、三两区；再以同样耕法套耕二、四两区。套耕法机组不转环形弯操作方便，地头较短，工效高，并可减少地面上的沟和垄。耕前需先将地头转弯处的垄沟、渠道平掉。同理也可采用三区与一区以及四区与二区的外翻法套耕。此外，还可以采用以外翻法套耕三区与一区，以内翻法套耕二区与四区的内外翻套耕法（肖兴宇，2009）。

（4）开闭垄交替法

将一大块地分为几个小耕区，在第一耕区内采用闭垄法，耕完第一耕区后到第三耕区采用闭垄法耕作，然后再到第二耕区，采用开垄法耕作。耕完第二耕区后再到第五耕区采用闭垄法，再返到第四耕区采用开垄法，以此类推。这种方法与开垄、闭垄法相比，优点是耕区内垄、沟减少；减少空行距离；机组左右交替转弯，减少了拖拉机转向系统的偏磨，适于耕作大地块。

悬挂犁机组的耕地方法要根据待耕地的大小和形状选择。地块面积大，宜采用开、闭垄交替法。地块面积不大，地块形状窄而长，可采用开垄法或闭垄法；地块短而宽，则可采用小区套耕法。此外，也可根据对沟垄以及沟垄位置的要求来选择相应的耕地行走方法。

面积大的地块，应根据机组类型、地块长度和所选定的耕地方法划分成几个小区。为减少机组的空行程，地块长，小区可划得宽些，地块短，小区则划窄一些。但小区越窄，沟垄越多，划分小区时应注意这个问题。对于大地块也可根据班工作量定额来划分小区，使小区宽度为机组幅宽的偶数倍，避免两端耕作时机组出区。两小区的分界线应有明显的标记（胥开富，2012）。

2. 耕地头线

在正式耕地之前，在地块的两头应留出一定的宽度，先用犁耕出地头线，作为犁的起落标志线，使起犁落犁整齐一致、犁铧入土容易，减少重耕和漏耕，以提高耕地质量和工作效率。牵引机组地头宽度为机组长度的 1.5～2.0 倍，悬挂机组的地头宽度为拖拉机长度的 1.5～2.0 倍。地头宽度还与机手的操作熟练程度有关。同时，它还应该是耕幅的整数倍，以便耕翻地头时耕到边。

3. 开 墒

在平地上耕第一犁称为开墒。开墒的好坏对作业质量和生产率影响很大，必须开得正，走得直，否则易造成漏耕、重耕，或留下三角形楔子。为减小内翻法开墒时垄背的高度，应将犁调节为前犁浅、后犁深。悬挂犁开墒时，限深轮应调整至全耕深位置，而右提升杆伸长至使前犁下降半个耕深，低于拖拉机驱动轮支持面半个耕深，犁架呈倾斜状态。耕第二犁时再将右提升杆缩回，使犁架调平，进行正常作业。为了减少开墒时出现的生埂以及使地面尽量平整，常采用如下开墒法。

（1）直接开墒法

将第一铧调浅，最后一铧保持规定的耕深。耕完第一行程，耕第二行程时，轮式拖拉机轮胎压在第二垡片上（链轨则应压在第一垡片上），从第三行程起，将犁调平，使所有犁体都达到规定耕深。直接开墒方法简便、效率高，但中央有未耕透的地，并形成较高的垄台。

（2）两重犁法

将前铧调浅，沿墒线先用开垄法往返两行程，在墒线位置上开出一个沟，然后将犁调到规定耕深；用闭垄法重耕，将已翻的土垡再向内翻，用内翻法耕完整块地。这样开墒漏耕将减少, 地面也较平, 但重耕的两行程中覆盖质量差, 开墒处杂草、残茬等覆盖不严, 并影响机组生产率。

（3）重半犁法

按正常开墒法耕第一犁, 将犁调成前铧耕得浅, 后铧达到规定耕深。第一行程耕完返回耕第二行程时, 使前铧重耕已翻土垡, 后铧耕未耕地。然后将犁架调平达到规定耕深。用此法开墒无生埂, 覆盖质量较高, 中间垄背较正常开墒法小, 对机组生产率影响相对两重犁法较小。

4. 收 墒

用开垄法耕地时, 最后中间留一个沟, 用闭垄法耕地时, 地边留有沟。犁耕后留下的墒沟给后续作业带来很大困难, 因此要注意耕好最后一犁, 即收墒, 应当尽量减小墒沟。一般有以下几种收墒方法。

①耕最后两个行程时, 前铧保持规定耕深, 将后铧调浅, 可使沟浅一些, 但留有埂。

②在最后一个行程的位置上逆行耕翻一个行程（即重耕一个行程）可把沟填平一些, 使收墒处的地面比较平坦。

③耕最后几个行程时, 修正犁耕宽度, 使留给最后一个行程的未耕地小于犁的全幅宽。

④耕地机组配有合墒器时, 在收墒时将圆盘形偏角调大, 并适当增加圆盘的切土深度。

5. 耕地头

拖拉机不能走在已耕地上, 以免将地块压实。耕地头时可先在地块两侧留出与地头相同的宽度并竖立标志, 待作业区耕完后, 绕已耕地将地头及两侧耕完, 回耕时四角应提犁转弯, 以免将犁损坏（华中农业大学 等, 1980）。

根据采用不同的耕作行走方式, 耕地头主要有以下几种情况。

①宽地块可以一个地头作为小区, 用闭垄法或开垄法单独耕翻。

②窄地块如果用悬挂犁可采用倒车移行耕地头, 向一侧翻土, 减小垄沟。

③大地块采用内翻围耕法, 在耕区两边留出与地头同样的宽度, 在耕完作业区后, 采用内翻法（闭垄法）围绕已耕地, 将地头和两边的地耕完（胥开富, 2012）。

（四）铧式犁耕地质量检查

1. 铧式犁耕地质量

影响耕地质量的因素包括以下几点。

①土壤的适耕期。耕地时机选择不当, 土壤水分过多或过少, 或耕后未及时整地, 或未采用复式作业等都会影响碎土质量, 或成泥条或成坷垃。

②机具的技术状态。犁架、犁柱等变形, 犁体安装位置不正确, 犁铧、犁侧板的严

重磨损以及犁的调整不当等会引起耕深不一致、地表不平、覆盖质量差及重耕、漏耕等现象。

③机手的操作技术。机组走不正、走不直，起落犁不及时等会引起重耕、漏耕、接垡不平、出三角楔子等现象。

④地块的形状。机械作业的地块应规划成长方形。若地块不规则，耕到最后必然出现三角地形或其他不规则形状，就难以获得良好的耕作质量，且严重影响工作效率。

⑤机组的配套及作业速度。机组的配套包括动力和耕幅的配套，即犁的工作幅度与拖拉机的功率轮距相适应。如果不相适应，如拖拉机马力不足，作业速度太低，犁耕时土垡运动很慢，抛不起来，就会影响碎土和翻土覆盖的性能；轮距与工作幅不相适应就会影响犁的正确牵引，引起漏耕或重耕，造成偏牵引，机组走不正，操作困难，使耕作质量下降，工效降低（肖兴宇，2009）。

2. 铧式犁耕地质量的检查

耕地质量与自然条件、土壤性质、地面状况、选用机具的类型和拖拉机手的工作有很大关系。农业技术人员不仅应具有检查质量的能力，还应具有分析影响耕作质量因素的能力。在耕地质量没有达到农业技术要求的情况下，必须仔细分析。耕地质量检查的主要内容是：耕后是否达到规定的耕深；耕后地面是否平整；土垡翻转及肥料、残株等是否已覆盖好；有无漏耕或重耕；地头是否整齐。

（1）耕深检查

耕深检查是检查耕地质量的主要内容，可在犁耕过程中检查或耕后检查。每班次要检查耕深2～3次，每次要在地段上各不相同地点测量5～6个点。耕翻的平均深度与规定深度相差不应超过1 cm。在犁耕过程中检查时，主要看沟壁是否直，用尺测量耕深检查是否合乎规定的深度。如以上都合乎规定，耕后地面平整，覆盖严密，显示不出各犁所耕的土垡有何差异，即为质量合格。耕后检查应先在耕区地边较高处，全面看一看；如地面平整土垡均匀，无弯来扭去现象，覆盖严密，地头耕得整齐，质量大体上可以，而后沿对角线检查。每区选20余个点，检查时，先将该处地面整平，用直尺插入沟底量深度，因耕后土壤疏松，实际耕深约为测出耕深的80%。

如要测耕幅，只有在犁耕过程中进行，可先自沟壁向未耕地量一定距离，作上记号，待犁工作后，再测新沟壁到记号的距离。两次之差即为耕幅。

（2）重耕和漏耕的检查

在耕地过程中检查犁的实际耕宽，方法是从犁沟壁向未耕地量出较犁的总耕幅稍大的宽度B，并插上标记，待下一趟犁耕后再量出新的沟壁至标记处的距离C，则实际耕宽为B-C。如此值大于犁的总耕幅，则有漏耕；反之有重耕。

（3）地表平整性检查

横着耕地方向走一趟，检查沟、垄及翻垡情况，除开墒和收墒处的沟垄外，要注意每个相邻行程的接合情况。如接合处高起，说明两行程之间有重耕；如有低洼，说明有漏耕，如只有个别的地方有这些现象，说明是由于驾驶员操作不当而形成。如为普遍规律性，则说明是犁的挂接不正确。此处还要检查有无立垡、回垡现象。

（4）覆盖检查

看残根、杂草覆盖是否严实，并要求覆盖有一定的深度，最好在 12 cm 以下或翻至沟底。

（5）地头检查

地头是否整齐，有无剩边剩角。

（五）铧式犁安全使用、故障与排除方法、维护与保养

1. 铧式犁的质量安全要求

①机具的结构应合理，保证操作人员按使用说明书操作和保养时没有危险，其安全要求应符合国家相关标准的规定。有危险的部位应固定安全标志，并符合国家相关标准的规定。

②用于操作的零部件，其操作表面应圆滑，无毛刺和尖角锐棱。

③若为悬挂、半悬挂犁，在悬挂件附近应粘贴有"小心！远离机器"的安全标志。

④牵引犁应有刚性牵引装置。

⑤牵引犁的乘座要设置在未耕地一侧，有靠背、围栏和踏脚板，且固定牢靠。

⑥铧式犁安全装置牢固，零件磨损不超限；弹性式的弹簧预压缩长度以及摩擦式的螺栓副扭紧力矩要合适；插销式的销子必须采用规定的材料和规格，不允许任意代用。

⑦铧式犁起落机构安全有效，操纵灵活，动作平稳。液压软管、管路及其附件应合理放置并加以保护，以保证发生破裂时，液体不会直接喷到工作位置上的操作者。

⑧铧式犁的运输间隙：牵引式及半悬挂式不小于 250 mm，悬挂式不小于 300 mm。

⑨带农具手位置的牵引铧式犁，应设置与拖拉机驾驶员联络的信号装置。

⑩使用说明书中应有安全操作注意事项和维护保养方面的安全内容，并符合国家相关标准的规定。

⑪机具上粘贴有安全标志应在说明书中说明，说明在机具上的粘贴部位。对用危险图形表示的安全标志，应说明标志的含义（朱继平 等，2010）。

2. 铧式犁的安全使用要求

①机械作业时，落犁起步须平稳，不准操作过急。不允许过猛操作，不准用人体加重迫使犁铧入土。作业中转移地块及过田埂应慢行。悬挂犁运输时，应固定好升降手柄，适当调紧限位链，缩短上拉杆，使第一犁铲离地面 25 cm 以上。

②深度自动调节装置的犁，液压操纵手柄应放在浮动位置，不应在"压降"位置；带耕深自动调节装置的犁，根据土壤比阻和地表起伏情况，正确选用位调节和力调节操纵手柄。

③未提升前严禁拖拉机转弯与倒退，严禁绕圈耕地。

④应用脚蹬或用手扳月牙铁的方法起落牵引犁。

⑤牵引犁耕作业，拖拉机驾驶员与农具手之间要有信号联系。拖拉机驾驶员应经常

注意农具的工作情况及农具手的动态。

⑥牵引犁作业时，农具手应坐在规定的座位上，其座位、踏板应牢固可靠，其他部位不应有人，严禁站在拖拉机或犁的牵引装置上，或从座位上跳下。

⑦牵引犁机组不准较长距离倒退行驶。短距离倒退时，尾轮滚动方向必须与倒退方向一致。

⑧牵引犁拉杆上的安全销，只允许用低碳钢材料加工更换，不准用其他材料代替或随意改变尺寸。

⑨转移地块或运输时，必须将犁的工作机构升到最高位置加以锁定，使农具处于运输位置，调紧限位链。长距离转移时要卸去犁铲和抓地板。运输途中，犁上不得坐人或放置重物。禁止高速行驶和急转弯。

⑩换犁铲或排除犁的故障时，拖拉机应先熄火或解除挂钩。

⑪车后应使悬挂机具着地，不允许经常处于悬挂状态停放。

⑫车和牵引犁之间要有保险绳，驾驶员应经常注意农具工作情况。

⑬牵引装置上的安全销折断时，不准用高强度钢筋代替或随意改变尺寸，应用直径为10 mm的低碳钢销子。

⑭近地边作业时，犁不得接触石坎田埂（朱继平 等，2010）。

3. 铧式犁的安装要求

①标牌、编号、标识齐全，字迹清晰。

②外观整洁，零部件齐全、完好，无严重锈蚀和磨损。

③各部位连接紧固，螺栓露出螺母13个螺距，垫片齐全。

④装配好的多铧犁，应该满足以下要求：总的工作幅宽偏差不大于设计幅宽的2.5%，调幅犁应达到最大、最小幅宽，其偏差不大于设计值的2.5%，各犁体水平基面到犁梁底面高度与设计值之差不大于1%；各相邻犁体伴尖沿前进方向的水平距离与设计值之差不大于1%；各犁体的工作幅宽偏差为设计幅宽的±2.5%；两犁重耕耕幅不大于10 mm；各犁体的铧刃直线部分应在同一水平基面上，用拉绳法检查伴尖和伴尾（翼），其偏差不大于10 mm，不允许伴尖高于伴尾，但允许伴尾略高于伴尖；幅宽为200 mm的犁体不大于5 mm，250～300 mm的犁体不大于6 mm，350～400 mm的犁体不大于8 mm，450～500 mm的犁体不大于10 mm。

⑤铧式犁安全装置牢固，零件磨损不超限；弹性式的弹簧预压缩长度以及摩擦式的螺栓副扭紧力矩要合适；插销式的销子必须采用规定的材料和规格，不允许任意代用；液压自动式的管路密封良好。

⑥铧式犁的运输间隙：牵引式及半悬挂式不小于250 mm，悬挂式不小于300 mm。

⑦铧式犁的醒目位置，应有关于技术安全方面的警示标志。

⑧有农具手位置的牵引式犁，应设置与拖拉机驾驶员联络的信号装置。

⑨各构件不得有裂纹、变形、起层剥蚀及连接松动现象。目测犁铧、犁壁、犁侧板、犁踵无严重磨损。

⑩犁铧刃口斜面宽度应在5～10 mm，刃口厚度不大于2 mm。

⑪工作表面应平整光滑，不得有毛刺和凸起。

⑫犁铧与犁壁结合处的间隙不大于 1 mm；犁壁表面不得高于犁铧，允许犁踵高出犁壁 1.5 mm。

⑬组合式犁壁的前后犁壁接合处间隙不大于 1.5 mm；后犁壁表面不得高于前犁壁，允许前犁壁高出后犁壁 1.5 mm。

⑭在犁铧体垂直切刃边（犁胫线），犁壁不得突出于犁铧，允许犁铧突出于犁壁 4 mm。

⑮犁体、犁壁与犁托或犁柱应紧密贴合，允许局部间隙：犁体与犁托（柱）不大于 2 mm，犁壁与犁托（柱）不大于 4 mm（幅宽 200 mm 者为 2 mm）；但螺栓连接处的间隙必须消除。

⑯犁侧板与犁托（柱）应紧密贴合，其局部间隙在水平及垂直接合处均不大于 2 mm。

⑰沉头螺栓副应拧紧，并有防松措施；螺栓头部不得突出于犁体工作表面，允许下凹 1 mm。

⑱犁体垂直间隙 10～12 mm，水平间隙 5～10 mm。

⑲栅条犁的栅条目测无严重磨损和变形，且调节灵活，销定可靠。

⑳犁架无明显弯曲、变形，各纵梁应在同一水平面上，并且横向距离相等；整体犁架焊接良好，组合犁架连接紧固。

㉑金属轮轮圈不变形，辐条不松动，轴承或轴套磨损不超限，轴向及径向间隙符合规定，要求转动灵活。

㉒充气轮胎型号符合原装规定，无内垫外包及因磨损出现的露线现象，轴承间隙适当，胎压符合要求。

㉓各轮轴不变形，轴上焊合件的位置和角度符合要求，焊合牢靠。

㉔平衡及缓冲弹簧齐全，弹簧长度（松紧度）调整适当。

㉕起落机构各零件齐全，磨损不超限，相互位置正确。

㉖尾轮机构零件齐全，磨损正常，无裂纹，不变形，调节螺钉螺纹完好。尾轮拉杆长度调节适当。

㉗耕深及水平调节机构各杆件不变形，操纵灵活，螺杆及螺母的螺纹无损伤，润滑良好，转动灵便，手轮光滑无毛刺；各调节手柄、手轮的操纵力不大于 100 N。

㉘起落机构有效，操纵灵便，动作平稳。

㉙牵引犁的主辅拉杆及横拉杆不变形。牵引器的全部零件无裂纹，调节孔磨损正常，所有插销有螺母或锁销锁定。

㉚悬挂式及半悬挂式犁的悬挂装置零部件齐全，杆件无裂纹，转动部位转动灵活不松垮，耕幅调整装置操纵轻便，锁定装置有效、可靠。

㉛犁刀安装位置正确，直犁刀刃口厚度不大于 1 mm；圆犁刀轴向间隙不大于 2 mm，径向间隙不大于 1 mm，刃口厚度不大于 1.5 mm，旋转灵活。

㉜小前犁犁体的检查按主犁体检查方法进行；切角小前犁安装可靠，工作面光滑，刃口锋利。

㉝深松铲刃口厚度不大于 1 mm，与犁架及犁体的连接可靠，四连杆机构操纵灵活，升降机构灵活有效。

㉞由液压起落犁的油管应配置安全分离接头，管道与机件在犁的起落过程中不摩擦和碰撞，油缸升降操纵灵敏、平稳，全系统无渗漏（朱继平 等，2010）。

4. 犁的维护保养

犁具及时保养是提高犁的工作效率和质量并延长使用寿命的必要措施，对甘蔗地耕整作业具有重要的意义，在犁的使用过程中要进行下列技术保养。

①每班工作结束后，清除黏附在犁曲面、犁刀及限深轮上的积泥和缠草。

②在每班工作结束后，应检查并固定所有螺栓，检查零部件有否变形或损坏并及时修复或更换。

③必要时对犁刀、限深轮及调节丝杆等需要润滑处注黄油。

④在一个作业季节结束后，拆下调节丝杆和丝杆螺母进行清洗，磨损严重的零件要进行修复或更换，安装时应涂上润滑油脂。

⑤在一个作业季节结束后，犁铧、犁壁、犁后严重磨损的应拆下更换。

⑥长期不用时，犁体工作面和所有外露表面应涂上防锈油脂，停放在地势较高无积水的地方，并覆以防雨物。有条件的地方，应将犁存放在棚下或机具库内（朱继平 等，2010）。

铧式犁作业常见的故障与排除方法如表 2-2 所示（肖兴宇，2009；朱继平 等，2010）。

表 2-2 　常见故障与排除方法

故障现象	故障原因	排除方法
耕后地不平	①犁架不平或犁架、犁铧变形 ②犁壁粘土，土垡翻转不好 ③犁体在犁架上安装位置不当或振动	①调平犁架、校正犁柱（非铸件） ②清除犁壁上粘土，并保持犁壁光洁 ③调整犁体在犁架上的位置
立垡甚至回垡	①过深 ②速度过慢 ③各犁体间距过小，宽深比不当 ④犁壁不光滑	①调浅 ②加速 ③当耕深较大时，可适当减少铧数，拉开间距 ④清除犁壁上粘土
耕宽不稳	①耕宽调节器"U"形卡松动 ②胫刃磨损或犁侧板对沟墙压力不足 ③水平间隙过小	①紧固，若"U"形卡变形则更换 ②增加胫刃或更换犁侧板 ③检查水平间隙，调整或更换犁侧板
漏耕或重耕	①偏牵引，犁架歪斜 ②犁架或犁柱变形 ③犁体距不当	①调整纵向正柱 ②校正（非铸件）或更换 ③重新安装并调整

（续表）

故障现象	故障原因	排除方法
入土困难	①铧刃磨损或铧尖部分上翘变形 ②土质干硬 ③犁架前高后低或横拉杆偏低或拖把偏高 ④犁铧垂直间隙小 ⑤悬挂机组上拉杆过长 ⑥拖拉机下拉杆限位链拉得过紧 ⑦悬挂点位置选择不当，入土力矩过小	①更换犁铧或修复 ②适当加大入土角、入土力矩或在犁架尾部加配重 ③调短上拉杆长度、提高牵引犁横拉杆或降低拖拉机的拖把位置 ④更换犁侧板、检查犁壁等 ⑤缩短上拉杆，使犁架在规定耕深保持水平 ⑥放松链条 ⑦犁的下悬挂点挂上孔，上悬挂点挂下孔，增大入土力矩
犁耕阻力大	①犁铧磨钝 ②犁架、犁柱变形，犁体在歪斜状态下工作	①磨锐或更换犁铧 ②矫正或更换犁柱
拖拉机驱动严重打滑	①拖拉机驱动轮轮胎磨损 ②负荷过大	①驱动轮上加防滑装置或更换轮胎 ②减少耕深或减少耕宽，降低作业速度

（六）常用深耕铧式犁机型及主要性能指标

为了达到深耕的目的，甘蔗地常用的深耕犁的犁柱比普通犁要高，并采用高强度优质无缝钢管主梁，安装安全保护装置，适宜南方土壤比阻大、石头多、暗藏树头多的土地耕作。

1. 1LH-338 深耕犁

（1）1LH-338 深耕犁介绍

该系列犁采用高强度优质无缝管主梁，结构紧凑，设计独特，整机刚性好。有安全保护装置，可靠性高。犁腿设计得很高，通过性能绝佳，最大耕深可达到 45 cm，特别适用于种植甘蔗、香蕉的耕地作业，见图 2-23。在南方土壤比阻大、石头多、暗藏树头多的土地耕作，使用特制的锰钢犁托、前犁尖及双挂耳挂接系统，特点更为显著。该

图 2-23 1LH-338 深耕犁

犁安装有不粘泥的复合胶板，利用胶板表面特有的自润滑性能，进一步降低了犁耕阻力，轻车快跑，节约机耕成本，广受农户喜爱。

（2）1LH-338深耕犁技术参数（表2-3）

表2-3　1LH-338深耕犁技术参数

项目	单位	参数
配套动力	kW	58.80～66.15
犁铧数	个	3
单铧耕幅	mm	380
总耕幅	mm	1 150
耕深	mm	330～400
犁腿高度	mm	830
保护装置类型		特制安全螺栓
整机重量	kg	570

2. 1LHT-345E 型

（1）1LHT-345E型介绍

该系列犁为专利产品，采用高强度优质无缝管主梁，结构紧凑，设计独特，整机刚性好。安全保护装置设计巧妙，可靠性及智能化程度高。在恶劣环境和不明地下障碍物的情况下，若碰到暗藏的大树根或大石头等突变负荷，犁体会自动弹起。当把犁悬起来时，犁体总成又会自动恢复原位继续作业。该犁安装有不粘泥的复合胶板，利用胶板表面特有的自润滑性能，进一步降低了犁耕阻力，轻车快跑，节约机耕成本。特制的锰钢犁托，不易变形，特别适合深耕作业，见图2-24。

图2-24　1LHT-345E型

（2）1LHT-345E 型技术参数（表2-4）

表2-4 1LHT-345E 型技术参数

项目	单位	参数
配套动力	kW	80.85～95.55
犁铧数	个	3
单铧耕幅	mm	450
总耕幅	mm	1 350
耕深	mm	400～480
犁腿高度	mm	880
保护装置类型		智能六连杆全自动保护系统
整机重量	kg	890

3. 1LD-340 重型深耕犁

（1）1LD-340 重型深耕犁介绍

该系列犁主要是配套 66.15～110.25 kW 的拖拉机使用，适用于土壤比阻小于 1.3 kg/cm^2 的重质土壤的耕翻犁地作业，整机秉承全钢件制作的特点，整机刚性好、可靠性高，特别适用于荒地开垦及深耕翻地作业，最大耕深可达到 50 cm，见图2-25。

图2-25 1LD-340 重型深耕犁

（2）1LD-340 重型深耕犁技术参数（表2-5）

表2-5 1LD-340 重型深耕犁主要技术参数

项目	单位	参数
犁铧数	个	3
单铧耕幅	mm	400

（续表）

项目	单位	参数
总耕幅	mm	1 200
设计耕深	mm	400
最大耕深	mm	480
犁架主梁离地间隙（犁腿高度）	mm	760
主机架类型		夹层强力铧管
挂接形式		国际Ⅱ类三点悬挂连接
前进速度	km/h	3～6
生产率	hm²/h	0.46～0.73
重量	kg	550
配套动力	kW	58.8～73.5

4. 1LH-330 三铧犁

（1）1LH-330 三铧犁介绍

该系列犁采用高强度优质无缝管主梁，结构紧凑，设计独特，整机刚性好。有安全保护装置，可靠性高，特别适用于甘蔗地、烤烟地的犁耕，耕作效果明显比传统铧式犁好，见图 2-26。在我国南方土壤比阻大、小石头多的坡地上耕作，选装锰钢犁托、前犁尖及双挂耳结构，效果更加显著。

图 2-26　1LH-330 三铧犁

（2）1LH-330 三铧犁技术参数（表 2-6）

表 2-6　1LH-330 三铧犁技术参数

项目	单位	参数
配套动力	kW	36.75～40.43
犁铧数	个	3

（续表）

项目	单位	参数
单铧耕幅	mm	300
总耕幅	mm	900
耕深	mm	300～380
犁腿高度	mm	730
保护装置类型		特制安全螺栓
整机重量	kg	380

5. 1LH-350 液压保护式三铧犁

（1）1LH-350 液压保护式三铧犁介绍（图2-27）

①液压保护装置。当犁体遇到遇障（较大的石头或树梗）时，犁体上抬，越障后犁体回到初始位置，继续工作，减少撞击对拖拉机和犁造成的伤害。

②犁尖采用斜插式，大大减少了犁铧入土的阻力，能顺利入土，实现深耕。

③犁铧整体与牵引方向成45°夹角，有利于铧式犁的翻土碎土，并能将地表的杂草深埋。

④整体采用组合式，便于维修和更换易损件。降低了维修保养的成本。

⑤采用三点悬挂的连接方式，方便调节耕深，工作稳定，翻垄平整。

⑥重型翻转铧式犁整机重量在1 200 kg以上，能满足铧式犁在大马力拖拉机下的高强度、高负荷的工作。

图2-27　1LH-350 液压保护式三铧犁

（2）1LH-350 液压保护式三铧犁技术参数（表2-7）

表2-7　1LH-350 液压保护式三铧犁技术参数

项目	单位	参数
形式		三点悬挂

（续表）

项目		单位	参数
最大耕幅		mm	1 500
最大耕深		mm	500
犁数量		个	3
整机重量		kg	1 200
结构形式			液压保护
外形尺寸	总长	mm	3 510
	总宽	mm	2 100
	总高	mm	1 660
配套动力	机型		轮式拖拉机
	功率	kW	≥132
作业效率		hm²/h	0.33～0.53

二、液压翻转犁

翻转犁在犁架上相比铧式犁多出了一组犁体，这样工作时两组犁体在翻转机构的作用下可以进行交互作业，实现工作效率的翻番。翻转犁作为一种比较实用的新型犁耕工具，近年来得到推广应用。

（一）液压翻转犁的结构

液压翻转犁，又称液压反转双向犁（Hydraulic reversible ploughs），包括悬挂架、油缸、调幅、调心机构等，见图2-28。通过油缸中活塞杆的伸缩带动犁架上的正反向犁体作垂直翻转运动，交替更换到工作位置，主要应用于农业上的开土、碎土。液压翻转

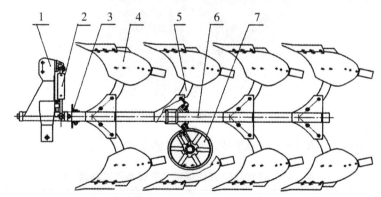

1—悬挂架；2—油缸；3—调幅、调心机构；4—犁体；5—犁柱；6—犁架；7—限深轮。
图2-28 液压翻转犁结构示意

犁是与拖拉机配套使用的，由双联分配器控制犁的升降和犁的翻转。近年来，由于在一般重黏土地，用普通的犁壁（镜面犁）作业，犁壁上会粘很多土，粘在犁壁上的土壤会使土伐无法顺利翻转，翻转犁的犁体设计为栅条式结构，使得翻垡顺畅、易脱土、阻力小，并加装有小附犁，覆盖效果好（郑炫 等，2010），见图2-29。

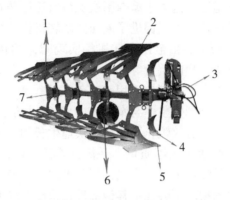

1—犁柱；2—犁头；3—液压管；4—小附犁；5—犁尖；6—真空胎；7—大架管。

图2-29　栅条式液压翻转犁结构

地轮是通过丝杠调节耕深的一轮两用机构。悬挂架与工作主机相连，犁体通过犁柱连在犁架上，犁架上安装有地轮机构，其特征在于翻转油缸中缸体与接在犁架上的油缸座相铰接，缸体内有一做伸缩运动的活塞杆，犁架上固定有中心轴，在中心轴外的中心轴套后端与活塞杆铰接，前端穿过并固定在悬挂架横梁上，活塞杆通过与油缸座、犁架连接带动中心轴在中心轴套内做回转运动（冯雅丽 等，2015）。

普通铧式犁虽然可以将土壤、杂草和作物根茎等翻埋，但是受限于自身构造，不能达到较好的效果（全部深埋25 cm以上）。据有关研究表明，将杂草深翻至25 cm以下，可有效控制杂草，一般的翻转犁都会带有附犁，带有附犁的犁在犁地过程中的优势如下。

①增加附犁的翻转犁可将表层土壤切下，并有效地放置在犁沟底部。与不使用附犁的犁相比，连续使用带有附犁的犁耕地作业，可将杂草降低30%。

②带有附犁翻耕作业，更好地翻埋作物根茎残留。研究表明使用带有附犁的犁，翻耕后地表几乎没有作物根茎残留。

③附犁调整简单，可左右附犁一起调整。

（二）液压翻转犁的类型

翻转犁按照使用过程中与牵引机械不同的安装固定方式，可以分为牵引式、悬挂式翻转犁等。目前市场上应用最广泛的是悬挂式翻转犁，其可实现由液压机构驱动犁架的精准180°翻转，工作效率较高。翻转犁按照工作时实现的翻转角度大小，可以分为直角（90°）翻转犁和水平（180°）翻转犁。

翻转犁翻转动作的实现，主要依靠翻转机构。目前用到的翻转机构由最初的机械式向气动式、液压式逐步过渡。机械式翻转机构最早应用于翻转犁，因其制造价格低廉、结构设计简单而在翻转犁设计制造过程中始终占有一席之地，但翻转犁使用过程中较恶劣的工作环境与较大的工作强度，对翻转犁的可靠性、便捷性等提出更高要求，对此，机械式翻转机构已不能满足设计使用要求。经研发设计人员不断努力，气动式翻转机构与液压式翻转机构被开发出来，并大量应用于翻转犁的设计中。目前气动式翻转犁主要用于小型牵引机械中，这是因为这类小型牵引机械没有液压装置而限制了气动式翻转犁的使用与推广。液压技术的快速发展促进了液压式翻转机构的快速更新。液压式翻转机构的两组犁体一般呈180°布置，由液压翻转机构实现犁体的转动。常用的液压式翻转机构主要由液压油缸、本体、换向装置等部分构成。

翻转犁工作原理及特点：一是犁尖采用垂直斜插式，大大减少了犁铧入土的阻力，能顺利入土，实现深耕；二是犁铧整体与牵引方向成45°夹角，有利于铧式犁的翻土碎土，并能将地表的杂草深埋，有效阻止了杂草的快速生长和地表的病虫为害，保持土壤水分，每季进行深耕可不断改善土壤质量，平衡土壤酸碱值，提高土壤中的养分与水分，增加农作物产量；三是整体采用组合式，便于维修和更换易损件，犁铧上下犁腿均采用螺栓装配，某个部件的损坏不会连带其他部件也报废，降低了维修保养的成本，例如，犁尖坏了就换犁尖，不会牵连犁壁作废；四是采用液压翻转，可提高翻转效率和翻转稳定性，减少撞击对拖拉机和犁造成的伤害；五是采用三点悬挂的连接方式，方便调节耕深，工作稳定，翻垄平整；六是重型翻转铧式犁整机重量在1 100 kg以上，能满足铧式犁在大马力拖拉机下的高强度、高负荷的工作（李德鑫 等，2017）。

（三）液压翻转犁使用注意事项

用户使用液压翻转犁必须熟知这些标志符号的含义，并遵守这些提示，正确使用、操作，以免发生危险。图2-30是液压翻转犁常见的标志和符号。

 当拖拉机悬起犁转弯时，犁横扫过的半径内不能有人员

 当拖拉机悬起犁翻转时，翻转范围内有危险，人员要保持安全距离

 在操作之前，锁定机器，以免发生危险

 在操作之前，必须认真阅读使用手册，在使用过程中必须遵守使用手册

图2-30　液压翻转犁常见的标志和符号

1. 特别注意事项

（1）设备的组装

为了便于运输，当犁送达到用户手中的时候，基本上是散装的。这个时候的设备没有完全组装，用户需对犁头、犁梁及犁铧、犁柱等部件进行组装。犁的组装过程是一项十分重要的环节，将直接影响犁的使用和性能，所以组装过程一定要遵守厂家的技术要求，并特别注意以下几点。

①犁的各部件在运输、装卸时，注意不要磕碰，尤其是液压油缸和螺纹等部件，以免影响犁的组装和使用；犁的各部件应妥善存放，以免生锈或老化。

②在组装过程中，要对所有销、轴、螺栓涂抹充分的润滑黄油，这样不仅有利于在组装过程中销、轴、螺栓能充分上紧，而且犁在今后使用过程中，需要调节、维修、拆卸时也更容易。

③犁组装完成后，应立即对犁上的黄油嘴打油润滑，对犁的其他需要润滑的部件涂油润滑（轮轴、行走曲柄、运输行走位置锁定销子）（银广 等，2021）。

（2）用户的使用和保养

①在犁使用之前和使用过程中，应检查各螺栓、销轴等部件是否紧固，如发现松动，应及时上紧。尤其是犁头下挂接架与犁头三脚架的两个固定螺栓，一定要拧紧。但注意：犁壁固定螺栓不要拧太紧，以防犁壁产生应力，容易断裂。

②犁上每个润滑黄油嘴，每个作业班次都要对各个油嘴进行打油润滑，对活动部位进行涂油润滑（轮轴、行走曲柄、运输行走位置锁定销子）。当犁作业结束、长期存放时，应在犁壁上涂油，以免生锈，从而延长其使用寿命。

③犁铧整体与牵引方向一般成45°夹角，翻转犁犁尖采用垂直斜插式，可大大减少犁铧入土的阻力，有利于铧式犁的翻土碎土，能顺利入土，实现深耕。

④拖拉机的提升、下降速度和犁的翻转速度应调节合适，避免速度太快造成冲击，而损坏拖拉机和犁的零部件；犁的前进速度不应太快，以免造成冲击，损坏拖拉机和犁的零部件。

⑤当犁到地头时，应先将犁提升，当犁铧完全出土后拖拉机才能转弯。严禁一边转弯一边提升，以免损坏犁铧、犁柱和拖拉机的后悬挂系统（赵墨林，2010）。

2. 基本注意事项

①不要对运动中的犁进行调节。

②注意使用合身的工作服及与工作相适应的安全工具设备。

③须有专人负责维护使用，熟悉深松机的性能，了解机器的结构及各个操作点的调整方法和使用，并为其他非作业人员规定安全范围。

④翻转犁工作前，必须检查各部位的连接螺栓，不得有松动现象。检查各部位润滑脂，不够应及时添加，检查易损件的磨损情况。

⑤根据操作步骤进行调节及保养工作，并注意安全事项。

⑥当犁升起时需进行调节，一定要用合适的工具将犁支撑好后再进行调节。

⑦完成犁的调节后，注意将所有调节工具从犁上清理走（刘兴爱 等，2019）。

3. 作业中应注意的事项

①操作人员必须经过培训并仔细学习手册。

②牵引拖拉机上只能有一个操作人员，并且在工作过程中操作人员不能离开驾驶位置。

③犁的翻转系统的操作只能在拖拉机驾驶员的位置上进行，并且一定要首先确认在犁的翻转范围内没有人，正在工作的犁上不能站人。

④当犁不使用时，应落下放在地面上。

⑤作业时应随时检查作业情况，发现机具有堵塞应及时清理；作业过程应保证不重耕、不漏耕、不拖堆；要使深松间隔距离保持一致，作业应保持匀速直线行驶。

⑥翻转犁在作业过程中如出现异常响声，应及时停止作业，待查明原因、解决问题后再继续进行作业。

⑦机器在工作时，发现有坚硬和阻力激增的情况时，请立即停止作业，排除不良状况，然后再进行操作。

⑧为了保证翻转犁的使用寿命，在机器入土与出土时应缓慢进行，不要对其强行操作（任驰 等，2011）。

4. 连接液压系统时应注意的事项

①注意保持液压插头的状态良好、干净。不要折叠液压软管，并定期检查。

②在进行翻转之前，要保证无人站在犁翻转的范围内。

③为了避免危险，在进行液压循环系统调节之前，将压力放掉，并检查液压阀及液压管状态良好。

④如果出现油路泄漏，为了寻找泄漏点，可以用木块或纸板，但一定不要直接用手去触摸寻找。高压液压油能够刺破皮肤，造成伤口感染，一旦弄伤皮肤，应立即找医生处理（焦清锋，2017）。

（四）液压翻转犁的调整

1. 犁架的调整

（1）横向水平调整

调整悬挂头架横梁的水平。机组停于水平地面上。旋转拖拉机吊杆上的手柄，伸长或缩短吊杆的长度，使悬挂架横梁与地面平行。横梁距地面的高度依具体的耕深确定，耕深越大，横梁越低。然后调整犁架的水平。方法是调整犁悬挂头架上两端（也有的在其他部位）的调整螺栓，使左右两螺栓凸出横梁的高度一致。其凸出高度值依具体的耕深而定，耕深越大，凸出越多。通过以上调节，犁的横向水平基本上已得到保证。

（2）纵向水平调整

犁架的横向水平调整完成后就要在试耕中对犁架进行纵向水平调整。试耕中，观察犁的大架（或斜梁）是否水平，若前高后低，造成犁的大架体入土困难或耕得过浅，应缩短上拉杆；反之，应伸长上拉杆。此时应注意，纵向水平调整是完成横向水平调整后，在保证横向水平状态的前提下进行的，其调整只限于调整上拉杆。若调整下拉杆使其长度发生变化，势必造成整机犁架横向水平的破坏。此时即使犁架在一个耕作状态（如右翻）时达到了水平状态，也难以保证在另一个耕作状态（左翻）时犁架能处于水平状态。

（3）耕深调整

如果是高度调节控制耕深的犁，就要调节地轮丝杠以调节耕深。有的犁型是通过双犁轮控制左右翻耕深的，对于这些犁型要对左右耕翻时的耕深分别进行调整（刘兴爱等，2019）。

2. 液压系统的调整

目前，生产中的液压翻转犁有两种油路：一种是拖拉机液压输出油缸，这种油路结构简单但对驾驶技术要求高。另一种是带有自动液压换向机构的液压翻转犁，其油路是拖拉机液压输出转阀油缸。这种油路保证了液压换向可靠，也降低了对驾驶员的技术要求。但是，因为其结构较前种油路复杂，所以对其液压系统的调整也就有了一定的要求（王双龙，2010）。

（五）常用液压翻转犁机型及主要性能指标

1. 1LF-350 型液压保护式翻转犁

（1）1LF-350 型液压保护式翻转犁（图 2-31）的特点

图 2-31　1LF-350 型液压保护式翻转犁

①采用液压油缸的翻转机构，可提高翻转效率和翻转稳定性，减少撞击对拖拉机和犁造成的伤害。

②液压保护装置。当犁体遇到障碍（较大的石头或树梗）时，犁体上抬，越障后犁体回到初始位置，继续工作，减少撞击对拖拉机和犁造成的伤害。

③工作效率高，工作中减少了地头空行程时间。

④翻转机构使两组犁体交替作业，实现单向翻垡，减少犁地形成的沟。

⑤结构简单紧凑；悬挂式机组作业，机动性强，灵活方便。

⑥翻土、碎土和覆盖能力强，作业速度快，通过性好。

（2）1LF-350 型液压保护式翻转犁的技术参数（表2-8）

表2-8　1LF-350型液压保护式翻转犁技术参数

项目		单位	参数
最大耕幅		mm	1 500
最大耕深		mm	500
犁数量			3
整机重量		kg	1 540
结构形式			液压翻转、保护
外形尺寸	总长	mm	3 950
	总宽	mm	2 000
	总高	mm	1 850
配套动力	机型		轮式拖拉机
	功率	kW	≥132
作业效率		hm²/h	0.33～0.53

2. 1LF-327 液压翻转双向犁

（1）1LF-327 液压翻转双向犁的特点

轴承翻转轻便灵活稳定，减少液压输出故障。16锰钢板焊接，犁柱、犁托入土角可调，能适应各种阻比土壤，采用30/35高速犁体阻力小、覆盖性好。配装全自动换向阀，见图2-32。翻转平稳，翻转合墒器起到碎土、平地作用，性能可靠。

图2-32　1LF-327 液压翻转双向犁

（2）1LF-327 液压翻转双向犁的主要技术参数（表 2-9）

表 2-9　1LF-327 液压翻转双向犁技术参数

项目	单位	参数
配套动力	kW	≥88.2
外形尺寸	mm×mm×mm	2 400×1 720×1 400
总重量	kg	320
耕深范围	mm	450～650
总耕幅	mm	2 025
生产率	hm²/h	0.4～0.6
悬挂方式		三点悬挂式

3. 1LYFT-350 液压翻转双向犁

（1）1LYFT-350 液压翻转双向犁（图 2-33）的结构特点

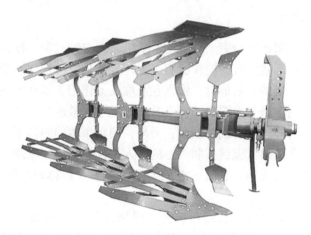

图 2-33　1LYFT-350 液压翻转双向犁

①整机均选用优质进口钢料，材质强度高，并结合了现代化的锻造和热处理技术加工而成。应用高强度保险螺栓保证了机具在极其恶劣的地域环境下能够正常耕作。合理的牵引结构设计，低螺旋高速进口原装犁壁板的应用，使铧式犁牵引阻力得到降低。

②液压翻转犁的栅条使用厚壁，并且钢材经过特殊的热处理工艺，使用过程中可以单个更换，大大降低了使用成本。耕作过程中不易粘土，特别适用于黏重型土壤，翻土覆盖效果好。固定螺丝深度固定栅条，保证在长时间使用过程中不会出现螺丝松动的情况。栅条犁体的各部件由特殊的高强度材料制成，牢固的固定保证了耕作过程中抗冲击、抗磨损的能力。

（2）1LYFT-350 液压翻转双向犁主要技术参数（表 2-10）

表 2-10　1LYFT-350 液压翻转双向犁技术参数

项目	单位	参数
配套动力	kW	≥100
外形尺寸	mm×mm×mm	3 780×1 500×1 750
总重量	kg	920
耕深范围	mm	200～400
耕幅	mm	350～500
选配犁体		雷肯型——镜面 栅条/纳迪型——小镜面、栅条
执行标准		GB/T 14225—2008

三、圆盘犁

（一）圆盘犁的结构

圆盘犁是利用球面圆盘进行翻土碎土的耕地机具，与铧式犁一样，均可用于甘蔗地的耕整作业。其耕作原理较原有的耕作机有很大区别，是以滑切和撕裂的形式、扭曲和拉伸共同作用而加工土壤的。耕地时，圆盘在土壤反力作用下滚动前进，并以其刃口切开土壤。被圆盘切下的土壤在沿圆盘凹面上升的过程中松散破碎，最后被翻入犁沟。耕作时圆盘旋转，圆盘与前进方向成一偏角；另外，圆盘犁体的回转平面还与铅垂面成倾角，圆盘犁工作时，是依靠其重量强制入土的，入土性能比铧式犁差，因此其重量一般要求较大，通常配用重型机架，有时还要加配重，以使其获得较好的入土性能（廖桂瑜，2020）。

圆盘犁是以凹面圆盘作为工作部件，作业时犁片做旋转运动，对土壤进行耕翻作业，特别适用于杂草丛生、茎秆直立、土壤比阻较大、土壤中有砖石碎块等复杂农田环境的耕翻作业，是新型的土壤耕作工具。拖拉机带着圆盘犁工作时，犁体在自身重量和液压作用下入土。由于圆盘的盘面与前进方向和垂直面都成一定的角度，在牵引动力和土壤反力的作用下（或动力强制驱动下），圆盘绕自己的轴或圆盘轴回转，圆盘以滑切、撕裂、扭曲和拉伸共同作用加工土壤，土壤被切割和移动，沿盘面升起，并在刮土板的辅助作用下翻转。工作时依靠尾轮来平衡土壤的反作用力（李先福，2011）。

圆盘犁可以由一个或多个圆盘组成，见图 2-34。由多个圆盘组成的犁，每个圆盘独立安装在与主斜梁焊接的犁柱上，每个圆盘上配置有一个刮土板，其作用是将附在圆盘凹面上的泥土刮掉。刮土器曲面还有协助翻垡的作用。圆盘犁后部有一特殊尾轮，其作用主要是承受土壤对圆盘的侧向反力，使机组在作业中保持行进稳定。圆盘犁的耕深与圆盘的直径大小有关。一般圆盘犁的常用耕深为圆盘直径的 1/5～1/4。圆盘犁的入土能力取决于圆盘刃口对土壤的压力，因而与犁的重量有关。圆盘刃口由于在滚动情况下周期性地间断切土，所以磨损较慢。如磨损量只使直径略有减小，仍可照常使用（齐博 等，2016）。

图2-34　圆盘犁

圆盘犁包括左臂壳体、左支臂、齿轮箱、传动齿轮、啮合套、操纵杆、链轮箱、圆盘轴和圆盘片，操纵杆安装在齿轮箱上，并与啮合套连接，还包括左箱体、主动轴、右箱体、从动轴、主动锥齿轮和被动锥齿轮，传动齿轮套装在主动轴上，啮合套被套装在主动轴上，主动锥齿轮固定在主动轴的输出端，并与被动锥齿轮啮合，被动锥齿轮固定在从动轴的输入端，链轮箱内安装有主动链轮和从动链轮，主动链轮和从动链轮均为双链轮，主动链轮和从动链轮通过双链条连接，主动链轮与从动轴的输出端固定连接，从动链轮与圆盘轴固定连接（耿端阳 等，2011）。

圆盘犁的优点是工作部件滚动前进，与土壤的摩擦阻力小，不易缠草堵塞，切断草根和残茬的能力较强，因而对于甘蔗地多用于砂质土和甘蔗叶还田后的耕翻作业。圆盘刃口长，耐磨性好，较易入土，缺点是重量较大，沟底不平，耕深稳定性和覆盖质量较差，造价较高，只在某些地区适用。而驱动圆盘犁工作部件是在同一根轴上安装的具有一定曲率的圆盘犁组，圆盘刃口平面与前进方向成一偏角，利用拖拉机 PTO 驱动圆盘犁体转动。它对侧面和底部的土壤进行旋转滑切，并将底部的土壤出沟底撕裂开形成土垡，并利用圆盘的旋转将土垡抬升并翻转，由于圆盘的强制旋转对土壤有撕裂作用，因此可降低能耗。

（二）圆盘犁的分类

1. 按旋转动力形式分

圆盘犁的旋转动力，可以来自外界动力，或前进时靠土壤反作用力使其转动。前者称为驱动型，后者称为从动型。其结构主要分为通用型圆盘犁和驱动圆盘犁。

（1）通用型圆盘犁

一般由圆盘犁体、犁架、悬挂架及尾轮等组成。通用型圆盘犁由一个或多个圆盘犁体组成工作部件，每个圆盘独立安装在与主斜梁焊接的犁柱上（朱继平 等，2010）。

在工作时，圆盘回转平面与机组前进方向的夹角 β，称为偏角，一般为 30°～45°；圆盘回转平面还与铅垂面成一夹角 α，称为倾角，通常为 15°～25°，见图 2-35。

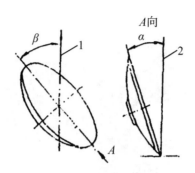

β—圆盘偏角；α—圆盘倾角。

1—行进方向；2—垂线。

图 2-35　圆盘犁的偏角和倾角

通用型圆盘犁由刮土板、犁架、悬挂架或牵引装置、尾轮等组成。圆盘犁工作面为凹面，周缘为锋利的刃口，宽度为 0.5～1.0 mm，刃口为 12°。刮土板可清除黏附在工作面上的泥土，并起辅助翻土的作用，其刃部与圆盘应有 2～5 mm 间隙，由于圆盘凹面受到土壤的侧向力，所以利用盘形尾轮来予以平衡。尾轮可以根据需要来调节其高度、倾角与偏角。为了能够顺利入土，圆盘犁应具有一定的质量。作业时圆盘随着拖拉机拖动前进，同时绕自身中心轴旋转，刃口切开土壤，土垡沿凹面上升，向侧后方向翻转。

圆盘的主要结构参数如下。①圆盘直径，一般为 600～800 mm。②曲率即凹度，一般曲率半径为 4.5～6.0 mm，在一定范围内，曲率半径越小，翻土能力越强，对侧压力平衡能力也将增加。但过强的翻土能力，将使土垡过度扭曲，对覆盖质量反而不利，且入土性能也将变差。圆盘直径和圆盘曲率半径有一定的比例关系。③圆盘倾角，起推移土壤和增加入土能力的作用；圆盘倾角有利于切取土垡的升起和翻转。④圆盘间距。圆盘犁耕后的沟底是不平的，其断面是起伏的锯齿状，如果圆盘间距小，则沟底不平度可以减少，但过小又可能引起堵塞，特别是在杂草较多的地面上。较适宜的间距应不小于最大耕深的 1.5～2.0 倍，沟底不平度（即沟底最高点和最低点的高度差）不应大于耕深的 1/3。

（2）驱动圆盘犁

驱动圆盘犁是一种由拖拉机动力输出轴来驱动的圆盘犁。其翻垡的碎土效果较好，由于是主动旋转，通过性强，不易被杂草、茎秆堵塞；圆盘转动方向和拖拉机的转动方向一致，所以圆盘转动时，土壤对圆盘的水平反作用力有利于推动机组前进。在耕稻茬地、潮湿地时能较好地利用拖拉机功率。水田型适用于水田及高产绿肥田耕作；旱地型适用于旱地、多草地区耕作（丁俊华 等，2009）。

该种犁由工作部件、传动部件、悬挂架主梁和尾轮等构成，见图 2-36。工作部件为成组的圆盘犁体，各圆盘以一定间距在一根通轴或方轴上固定紧，其间安装有间管，作业中圆盘组作为一个整体旋转，只有偏角（圆盘平面与前进方向有一夹角），无倾角。驱动圆盘犁由动力输出轴的动力经中央齿轮箱减速后传至侧边传动箱而转动，转速约为120 r/min，传动路线见图2-37。

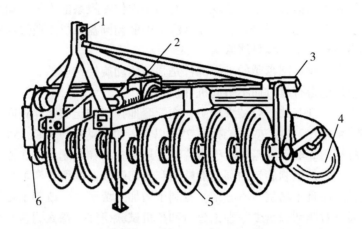

1—悬挂架；2—中央传动箱；3—副架；4—尾轮；5—圆盘；6—侧边传动箱。

图2-36　1LYQ系列驱动圆盘犁

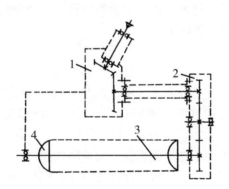

1—中央齿轮传动箱；2—侧边传动箱；3—圆盘轴；4—圆盘。

图2-37　传动路线

驱动圆盘犁的调整项目有机架水平、圆盘偏角、尾轮偏角与高低位置调整等。机架纵向、横向水平可通过改变拖拉机上拉杆、左右提升杆的长度来达到。圆盘偏角是通过调整左右悬挂销轴安装在悬挂板上的孔位来实现，有3个孔位分别可调出3个偏角。水耕作业时，偏角应小，耕速可至5 km/h左右；旱耕或土硬时，则调大偏角，以2～3 km/h的耕速进行作业。和旋耕机相似，应正确安装万向节传动轴。转弯时，万向节传动轴倾角不应大于30°，同时将圆盘犁提升到尾轮离开地面即可。转移地块时应先切断动力，才可升起圆盘犁。

尾轮可作横向调整，使其走在最后一个圆盘所开出的犁沟内。尾轮偏角、倾角都可以调整，以适应作业的需求。因尾轮盘平衡需一定侧压力，所以尾轮要楔入沟底，根据土质条件，可以调整其接地压力的大小。

驱动圆盘犁与铧式犁和旋耕机相比具备以下优点。

①作业质量高。驱动圆盘犁在多种土壤状况下，其翻垡率、覆盖率较高，耕后地表平整，碎土性能好，可减轻整地作业负担。此外，由于驱动圆盘犁对土壤的撕裂作用，因而不会产生铧式犁压沟底土壤层的现象，有利于农作物根系的生长。通过性能好，驱动圆盘犁的牵引阻力远远低于铧式犁，在软湿地中驱动圆盘犁机组通过性能大大优于铧式犁机组，也不易被杂草、茎秆堵塞。

②越障能力强。驱动圆盘犁的工作部件是强制驱动旋转作业的，因此遇有石块或其他硬物时，能很好地自行越过而不引起机件损坏。

③能源消耗低。现有的研究结果表明，在配套拖拉机和土壤条件相同的情况下，驱动圆盘型与铧式犁相比，生产效率能提高 25% 以上，每亩油耗可降低 15% 以上。

④利于秸秆还田。驱动圆盘犁对于推广秸秆还田技术和绿肥翻压作业有独特的优越性。在作业过程中，被强制旋转的圆盘能够顺利地切断较高的留茬和草秆，继而将其翻至盘底进行覆盖，而且不堵塞、不缠结，有利于增加土壤肥力，改善土壤结构。

近年来，通过对驱动圆盘犁的理论分析和整机试验研究，探索圆盘载荷分布、变化的规律及其与工作参数、结构参数的关系，以获得驱动圆盘犁的合理的工作参数和结构参数，实现参数优选，为整机的设计、零部件结构强度计算和疲劳寿命试验提供依据，并最终达到节约能源的目的。这对于驱动圆盘犁的设计、合理使用和相关工作的开展具有十分重要的意义（闫卫红，2000）。

2. 按圆盘安装形式分

圆盘犁按圆盘安装方式主要分为普通型、垂直型和双向等类型。普通圆盘犁和垂直圆盘犁的圆盘回转平面与前进方向之间都有一个 10°～30° 偏角，起推移土壤和增强圆盘入土能力的作用。

①普通圆盘犁的回转平面不与地面垂直，而是略微倾斜，回转平面与地面铅垂线之间有一夹角称为倾角，一般为 15°～25°。具有倾角的普通圆盘犁，其偏角是由圆盘的水平直径与前进方向线所夹的锐角表示。能使圆盘易于切取土垡并使之升起后翻转。普通圆盘犁也有可以向左或向右翻转的双向圆盘犁。安装犁柱的犁梁相对于犁架可以左右水平摆动，以适应圆盘的换向。换向操纵机构有机械式或液压式，双向圆盘犁可使土垡始终向田块的一边翻转，耕后地表平整，不留沟埂。

②垂直圆盘犁的圆盘回转面垂直于地表面，只有偏角而无倾角。垂直圆盘犁的圆盘较小，一台犁上圆盘的数量较多（大型垂直圆盘犁的圆盘数可达 30～40 片），主要用于浅耕和灭茬。也可配装种子箱和施肥箱，进行耕、播和施肥联合作业。圆盘刃口平面与地面垂直，即只有偏角而无倾角。一台圆盘犁上通常有十至数十个圆盘沿主斜梁排成一列，每个圆盘均单独安装在与主斜梁活动铰接的犁柱上，并设有加压弹簧使圆盘入土。遇障碍时，圆盘向上抬起，越过障碍后再自动复位（王玉梅，2015）。

③双向圆盘犁设有圆盘换向机构，在耕地作业变换方向时，可使圆盘随主斜梁向左或向右偏转，从而使土垡始终向地块的同一方向翻转（中国农业机械化科学研究院，2007）。

（三）圆盘犁的选型

使用圆盘犁时应该根据土壤条件、耕作要求、机组类型及技术状态分析选用。

①根据当地农艺要求确定选用产品的种类。

②根据自己所拥有或欲购买的拖拉机动力来确定要购买的犁的型号和幅宽，不同动力的拖拉机配不同型号和幅宽的犁。

③比较产品的质量。

（四）圆盘犁的安装、使用调整与维护保养

通用型的圆盘犁安全使用技术与铧式犁相同。驱动型的圆盘犁由于结构和工作方式不同于通用型圆盘犁，其安全使用技术有其特殊性。驱动型圆盘犁的质量安全要求如下（朱继平 等，2010）。

①机具的结构应合理，保证操作人员按使用说明书操作和保养时没有危险，其安全要求应符合国家相关标准的规定。有危险的部位应固定安全标志，并符合国家相关标准的规定。

②万向节传动轴应有可靠的安全防护装置，一般为带塑料防护罩的传动轴。

③动力输入轴应有安全防护罩，并能包住第一个轴承座及整个轴。

④其他外露传动件（不包括工作圆盘轴），应有安全防护罩。

⑤防护罩必须有足够的强度、刚度，应固定牢固，无尖角和锐棱，耐老化；防护装置不应妨碍机器操作和保养。

⑥万向节传动轴防护罩和动力输入轴防护罩间直线重叠量不小于 50 mm。

⑦机具的侧面防护能保证机具在运转时，防止人员受到意外伤害。

⑧运输间隙：牵引式及半悬挂式不小于 250 mm，悬挂式不小于 300 mm。

⑨使用安全警示标志应描述如下信息：机器前部万向节传动轴可能缠绕身体部位，机器作业或万向节传动轴转动时，人与机器保持安全距离；机器的后部有飞出物体会冲击整个身体，作业时人与机器要保持安全距离。

⑩使用注意标志，描述如下信息：操作、维护前请详细阅读使用说明书；保养前，切断动力，并可靠支撑机器。

⑪使用说明书中应有安全操作注意事项和维护保养方面的安全内容，并符合国家相关标准的规定。

⑫机具上粘贴有安全标志应在说明书中说明，并说明在机具上的粘贴部位。对用危险图形表示的安全标志，应说明标志的含义。

（五）通用型圆盘犁的安装、使用

1. 通用型圆盘犁的安装要求

①标牌、编号、标识齐全，字迹清晰。

②整机完整，外观清洁，紧固良好，不得有严重变形和锈蚀等现象。

③机架、拉杆、牵引或悬挂机构连接可靠，各调整部位灵活有效，手柄操作力应不大于 150 N。

④运输间隙。悬挂、半悬挂犁不小于 200 mm，牵引犁不小于 150 mm。

⑤圆盘犁组转动灵活，无碰擦。轴承润滑良好，压注油杯齐全。

⑥工作位置与运输位置间的转换机构锁定可靠。

⑦液压油路系统不允许漏油。

⑧犁片刃口厚度。犁片厚度小于或等于 5 mm 时，刃口厚度应不大于 0.8 mm；犁片厚度大于 5 mm 时，刃口厚度应不大于 1.0 mm。

⑨各润滑部位应注足润滑剂，摩擦表面和螺纹部分应涂防锈油。

2. 通用型圆盘犁的安装方法

①所有的零部件必须检验合格。

②必须清理干净、除锈、去油污，按类存放。

③单个犁体安装完成后，须转动灵活。

④在平整的地面上，将犁架先架在专用的支架上，再依次安装犁体、限深轮、尾轮等零部件。

⑤调整各犁体、刮土板等的位置。检查犁体间距和多体犁相邻两犁体相应点间的距离。

⑥总装检查。按照总装技术要求，逐项检查。

3. 通用型圆盘犁的调试要求

①犁架水平调节机构调节灵活方便。

②耕深调节灵活方便。

③起落机构有效，操纵灵便、动作平稳。

④升降机构操纵灵活有效。

⑤圆盘犁组、尾轮转动灵活，调节灵活方便。

4. 通用型圆盘犁的调试方法

①机械式调节，可以人工调节，检查调节的方便性、灵活性和准确性。

②液压式或气压式调节，可以借助自制的液压或气压的调节台，检查调节的方便性、灵活性和准确性。或挂接在拖拉机上，连接液压系统或气压系统，再检查各相应调节的状态（朱继平 等，2010）。

（六）驱动型圆盘犁的安装、使用

1. 驱动型圆盘犁安装要求

①零部件须经检验合格，装配前应进行清洗。外购件、外协件须有检验合格证方能用于装配。

②螺栓、螺母均应镀锌、钝化。刀轴、齿轮箱等重要部位承受载荷的紧固件的强度等级：螺栓不低于标准规定的 8.8 级，螺母不低于标准规定的 8 级。

③耕作圆盘、尾轮圆盘应转动灵活，其转动力矩不大于 30 N·m。

④齿轮箱各运动件应转动灵活、平稳，不得有卡滞现象和异常声响。

⑤圆盘刃口边缘不应有毛刺和裂纹。

⑥圆盘刃口边缘残缺：深度应不大于 2.0 mm，长度应不大于 20 mm，两处相距应不小于 150 mm，在同一圆盘上不应多于 3 处。

⑦装配后的圆盘轴组圆盘半径的变动量为 12 mm。

⑧每台驱动型圆盘犁装配后，应在刀轴工作转速范围内进行 0.5 h 空运转试验，运转应平稳，系统不得有卡、碰及异常响声。齿轮箱体、轴承部位不允许有严重发热现象。

停车后检查下列项目：紧固性，各连接件、紧固件不得松动；油温，在规定油液位下，齿轮箱内润滑油的温升不得超过 25 ℃；轴承座、轴承部位温升不大于 25 ℃；密封性，箱体动结合面无滴油，静结合面无渗油。

2. 驱动型圆盘犁的安装方法

①所有的零部件必须检验合格；外购件、外协件须有检验合格证方能用于装配。

②安装前必须清理干净、除锈、去油污，按类存放。

③圆柱孔轴承的安装方法。

方法一：用压力机压入的方法。小型轴承广泛使用压力机压入的方法。将垫块垫入内圈，用压力机静静地压至内圈而紧密地接触到轴挡肩为止。将外圈垫上垫块安装内圈，是造成滚道上压痕、压伤的原因，所以要绝对禁止。

操作时，最好事先在配合面上涂油。万不得已用掷头敲打安装时，要在内圈上垫上垫块作业。这种做法只限用于过盈量小的情况，不能用于过盈量大，或中、大型轴承。

如深沟球轴承之类的非分离型轴承，内圈、外圈都需要过盈量安装时，用垫块垫上，用螺杆或油压将内圈和外圈同时压入。调心球轴承外圈易倾斜，即使不是过盈配合，也最好垫上垫块安装。

如圆柱滚子轴承、圆锥滚子轴承之类的分离型轴承，可以将内圈、外圈分别安装到轴和外壳上，将分别安装好的内圈和外圈相结合时，关键是稳稳地将二者合拢，以使二者中心不产生偏离，勉强压入会造成滚道面划伤。

方法二：热装的方法。大型轴承或过盈量较大的轴承，压入时需要很大的力，所以很难压入。因此，在油中将轴承加热，使之膨胀，然后装到轴上的热装方法广为使用。使用这种方法，可以不给轴承增加不当的力，在短时间内完成安装。也可采用高频加热的方法。

④轴承安装后的运转检查。轴承安装结束后，为了检查安装是否正确，要进行运转检查，小型机械可以用手旋转确认是否旋转顺畅。检查项目包括有无因异物、伤疤、压痕而造成的运转不畅；因安装不良，轴承座加工不良而产生的旋转扭矩不均；由游隙过

小、安装误差密封摩擦而引起的扭矩大等。如无异常则可以开始动力运转。

因大型机械不能手动旋转，所以无负荷启动后立即关掉动力，进行惯性运转，检查有无振动、声响、旋转部件是否有接触等，确认无异常后进入动力运转。

动力运转，从无负荷低速开始，慢慢地提高至额定转速。试运转的检查项目包括是否有异常声响、轴承温升、润滑剂的泄漏及变色等。如果试运转发现异常，应立即中止运转，检查机械，必要时要卸下轴承检查。

注意事项：轴承温度检查一般从外壳外表推测可知。但利用油孔直接测量轴承外圈温度更加准确。运转开始轴承温度渐渐上升，如无异常，通常 $1\sim2$ h 后稳定。如果轴承温度急剧上升，出现异常高温，其原因有润滑剂过多、轴承游隙过小、安装不良、密封装置摩擦过大等；高速旋转时，轴承的润滑方法选择错误等也是其原因。

⑤油封的安装方法。安装的问题往往在选择油封后被忽略，而安装不当会导致油封早期的失效。

安装前，若轴颈外表面粗糙度低或有锈斑飞锈蚀、毛刺等缺陷，要用细纱布或油石打磨光滑；在油封唇口或轴颈对应位置涂上清洁机油或润滑脂。油封外圈涂上密封胶，用硬纸把轴上的键槽部位包起来，避免划伤油封唇口，用专用工具将油封向里旋转压进，千万不能硬砸硬冲，以防油封变形或挤断弹簧而失效；若出现唇口翻边、弹簧脱落和油封歪斜时，必须拆下重新装入。轴颈没有磨损和油封弹簧弹力足够时，不要擅自收紧内弹簧。油封安装方法见图 2-38。

⑥犁刀轴总成的安装方法。先检查圆盘犁片的质量和犁刀轴加工质量，检查合格后，依次安装圆盘犁片、轴承。

错误方法	正确方法
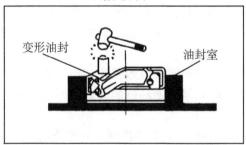	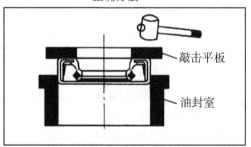
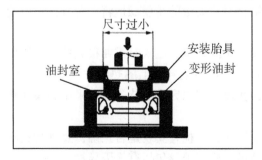	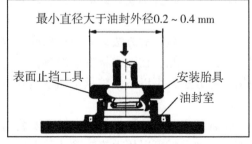

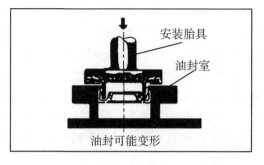

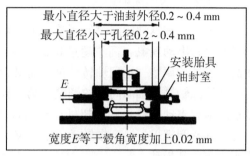

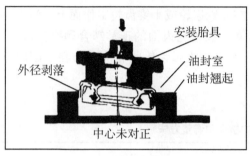

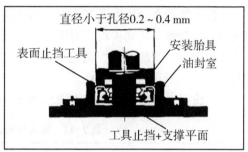

图 2-38　油封安装方法

⑦整机安装方法。可以在专用的安装台上进行，注意安装时严禁磕碰。整机安装完成后，润滑部位加注润滑油或润滑脂，在磨合试验台上，进行 20～30 min 的磨合，同时清洗齿轮箱体。检查各紧固件的紧固程序、齿轮箱的密封性、润滑油的温度、传动系统的灵活性等。必要时还要进行调试。

3. 驱动型圆盘犁的调试要求

①传动系统转动灵活、平稳，不得有卡滞现象和异常声响。
②尾轮转动灵活。
③限深轮调节方便灵活。
④动力输入轴空转力矩不大于 20 N·m。

4. 驱动型圆盘犁的调试方法

①将犁刀轴架空，用手转动动力输入轴一圈，检查动力输入轴的空转力矩。必要时，用扭力扳手在动力输入轴处检查，可以做一个花键套，空套在输入轴上，另一侧焊个螺母，再用扭力扳手检查。
②手工调整限深轮、尾轮的转动灵活性、方便性。
③在磨合试验台上，使机具按照工作转速转动，检查传动系统的传动情况。必要时，要对齿轮箱中轴承间隙、齿轮的齿侧间隙、接触印痕等进行调整。

5. 轴承轴向间隙的调整

①第一轴轴承轴向间隙的调整：第一轴轴承轴向间隙的正常值为 0.1～0.2 mm，当轴承磨损有串动现象（间隙超过 0.5 mm）时，应及时调整。通过增减两端轴承盖密封垫的方法进行调整，达到轴转动灵活而又无明显的轴向间隙为止，再装回轴承盖。

②第二轴轴承轴向间隙的调整：第二轴轴承轴向间隙的正常值为 0.1～0.2 mm，当轴承磨损有串动现象（间隙超过 0.5 mm）时，应及时调整。将锁住圆螺母的止退垫圈松开，拧紧圆螺母，达到轴转动灵活，又无明显的轴向间隙为止，再用止退垫圈锁住圆螺母，防止其松动。

③锥齿轮啮合的检查及其调整：检查时，在大锥齿轮或小锥齿轮工作面上，涂上一层均匀的红丹油，转动齿轮，看印痕大小及分布。该齿轮齿面的正常啮合印痕应该是：其长度不小于齿宽的 50%，高度不小于齿高的 50%，大弧齿锥齿轮应分布在节圆附近稍偏小端（朱继平 等，2010）。

锥齿轮啮合的检查和调整方法见表 2-11。

表 2-11　锥齿轮啮合的检查和调整方法

检查和调整方法		示意图
正常的啮合印痕长度应不小于齿宽的 50%，高度不小于齿高的 50%，并分布在分度圆锥的素线附近。		
调整齿宽	减少轴承盖与齿轮箱体之间的调整垫片，小锥齿轮按箭头方向移动	
	增加轴承盖与齿轮箱体之间的调整垫片，小锥齿轮按箭头方向移动	
调整齿高	减少二轴右轴承盖与齿轮箱体处的调整垫片，将取下的垫片加到二轴左轴承盖与箱体之间，大锥齿轮按箭头方向移动	
	增加二轴左轴承盖与齿轮箱体处的调整垫片，将取下的垫片加到二轴右轴承盖与箱体之间，大锥齿轮按箭头方向移动	

注：实线箭头表示主要移动；虚线箭头表示为了保持所需齿侧间隙所做的补偿移动。

（七）圆盘犁的维护保养（表2-12、表2-13）

表2-12　通用型圆盘犁的维护保养要求

保养类别	保养要求
班保养	①清理犁体、圆盘犁刀及限深轮等上面的积泥和缠草 ②检查所有紧固螺栓固定的各零件的紧固状态，松动的要拧紧 ③对圆盘犁刀、限深轮及调节丝杆等需要润滑处，每班要注润滑脂或润滑油1～2次 ④检查圆盘犁片、尾轮圆盘磨损情况，超过规定应及时修理或更换
季保养	①应对整台犁进行一次全面检查，修复或更换磨损和变形的零部件 ②对各润滑部位做全面的润滑，外露的丝杆、悬挂销上涂防锈油 ③应将整台犁清洗干净，圆盘犁面应涂上防锈油 ④液压或气动接头应涂上防锈油，用塑料纸包裹，防止磕碰损伤 ⑤停放在地势高的地方，并覆盖防雨物
通用型圆盘犁的润滑点	①加润滑脂的位置：限深轮、圆盘犁刀、尾轮等转轴处 ②加润滑油的位置：调节丝杆表面等

表2-13　驱动型圆盘犁的维护保养要求

保养类别	保养要求
班保养	①检查拧紧各连接螺栓、螺母，检查放油螺塞有无松动 ②检查各部位插销、开口销有无缺损，必要时添补或更换新件，开口销不得用旧件或他物代替 ③检查齿轮箱齿轮油油面，缺油时应添加到检查孔刚刚能流出为止，再拧紧检油螺塞 ④十字节、刀轴轴承盖处的黄油杯，用黄油枪注黄油3～5下 ⑤检查圆盘犁片是否缺损和紧固螺栓有无松动，必要时应补齐、拧紧 ⑥检查有无漏油现象，必要时更换油封、纸垫
季保养	①完成班保养的全部规定项目 ②更换齿轮油 ③检查十字节滚针磨损情况，拆开清洗后涂抹黄油装好。如十字节滚针过度磨损，应及时更换 ④检查犁刀轴两端轴承磨损情况和是否因油封失效而进了泥水，拆开清洗并加足黄油，必要时更换新油封 ⑤检查圆盘犁片是否过度磨损、有无裂纹、缺损，必要时更换新件 ⑥检查齿轮各轴承间隙以及锥齿轮啮合间隙，必要时进行调整

（续表）

保养类别	保养要求
年保养	①彻底清除机具上的泥土、油污、缠草等 ②放出齿轮油，进行拆卸检查。特别注意检查中间齿轮轴承的磨损情况，安装时零件需清洁，安装后加注新齿轮油至规定油面 ③拆洗刀轴轴承及轴承座，更换油封，安装时要注足黄油 ④拆洗万向节总成，清洗十字节滚针，如损坏应更换 ⑤检查圆盘犁、尾轮，磨损严重和有裂痕、缺损者必须更换 ⑥修理机罩，使其恢复原状，如无法修复应更换新件 ⑦机具不工作长期存放，万向节应拆下放置室内；垫高机具使圆盘犁片离地，犁片上应涂废机油防锈；外露花键轴亦需涂油防锈；非工作表面剥落的油漆应按原色补齐以防锈蚀 ⑧机具应停放室内或加盖置于室外
驱动型圆盘犁的润滑点	①齿轮箱体通过加油孔加齿轮油，加油量由检油孔用油尺检查 ②犁刀轴至侧轴承及尾轮圆盘轴承、万向节传动轴的轴承通过黄油嘴加黄油 ③调节丝杆处保养时需滴润滑油

（八）圆盘犁的故障诊断与故障排除

1. 通用型圆盘犁不入土

（1）故障诊断

圆盘犁作业时，圆盘刃口平面上部向后倾，其与铅垂面夹角称为圆盘犁的倾角，通常为 15°～25°。当圆盘被调节到较为垂直的位置，即倾角较小时，圆盘犁较容易入土。倾角越大，则切入土壤越难。需要加大耕深时，也应减小倾角。倾角大，耕深稳定较好，工作质量提高。

影响圆盘犁倾角的因素主要有犁梁、犁柱相对圆盘犁片的位置，犁梁变形、犁柱弯曲影响倾角调整，圆盘犁片变形。

影响圆盘犁刃口对土壤的压力因素主要有犁体重量大，圆盘犁刃口对土壤的压力就大，越容易入土。圆盘刃口的厚度小，圆盘犁刃口对土壤的压力就大，越容易入土（王玉梅，2015）。

（2）故障排除

①当犁梁、犁柱变形时，可以采用火焰矫正法修复。

②圆盘犁片变形时，可以压力整形或火焰整形。

③犁体重量小时，可以适当增加配重，增加圆盘犁刃口对土壤的压力。

④圆盘刃口的厚度大于 2 mm 时，应及时修磨，保持刃口厚度为 0.5～1.0 mm（王玉梅，2015）。

2. 驱动型圆盘犁不入土

（1）故障诊断

圆盘犁刃口过厚，缠草、杂物增加了入土阻力。圆盘犁工作时，是依靠其自身重量强制入土的，入土性能比铁式犁差，因此其重量一般要求较大，通常采用重型机架，有时还要加配重，使其获得较好的入土性能。驱动型圆盘犁重量加配重是保证正常入土的基本条件，驱动型圆盘犁通常加配重，以保证作业时入土，并保持耕深的稳定。

（2）故障排除

①清理缠草、杂物，修磨圆盘犁片的刃口。

②增加配重，具体加多少重量，可以边加边试。注意：驱动型圆盘犁配重生产设计时都有专门配备，配重块为专门生产。加配重时，配重块需要固定在犁架上。

3. 齿轮传动箱过热

（1）故障诊断

驱动型圆盘犁齿轮传动箱的作用为传递动力。作业时，由于齿轮摩擦、轴承滚动体摩擦，产生热量，这些热量传给齿轮箱中的润滑油，再传到齿轮箱体。正常工作一段时间，会发现箱体外壳比较热，如检查齿轮箱内润滑油的温升不超过 25 ℃，轴承座、轴承部位温升不超过 25 ℃，这是正常现象。若发现非常热，甚至冒热气，箱体通气孔往外冒油，温升超过规定，则说明机具有故障。

（2）故障分析

①作业时，土壤较硬，耕深过深，机具负荷过大；或在高温下，连续大负荷作业。

②润滑油过多，增加了齿轮搅动阻力，会造成温升增加；润滑油过少，齿轮传动部分润滑不良，摩擦力加大，齿轮产生的热量传不出来，润滑油温升也会增加，严重时会损坏齿轮。还有加注的润滑油不符合要求，润滑效果不好，或齿轮箱通气孔不通，造成箱体内空气压力增大，温升增加。

③传动齿轮齿侧间隙过小，传动齿轮齿面发生胶合，轴承间隙过小，摩擦力增大，润滑油温升会增加。

④传动箱、齿轮安装加工有问题，造成传动阻力加大，润滑油温升会增加。

（3）故障排除

①作业时，要按照要求合理调整耕深，当土壤过硬时，适当控制作业速度，减小作业负荷。高温下连续作业时间不要过长，注意观察作业机组的状况。

②按要求量及时加注符合要求的润滑油，注意通气孔通畅。

③检查输入轴的空转扭矩，检查时，将拖拉机与农具的动力切断，将犁体提离地面，支撑好机具，再将拖拉机熄火，脱开动力输出轴，用手转动动力输入轴，感觉其转动的灵活性。如转动过重，就要打开齿轮箱盖，检查锥齿轮的磨损情况，如齿轮表面发生胶合现象，要更换齿轮。若齿轮表面磨损较大，可以按照前述办法，调整锥齿轮的齿侧间隙和轴承间隙，再检查空转扭矩。

④按以上方法仍未解决问题，就要考虑齿轮箱的安装加工问题。由于驱动型圆盘犁

中间齿轮箱设计时锥齿轮轴不是直角相交，而是有一定倾斜，对齿轮和箱体安装加工要求较高，修理中容易出现安装加工问题，需要找专门的修理部门检查处理（庄立春，2014）。

4. 圆盘犁机组作业时自动摆头，操向困难

（1）故障诊断

作业时，土壤作用于圆盘犁的力对拖拉机产生的偏转力矩小于拖拉机前轮承受的土壤侧向反力产生的力矩时，机组可直线行驶；反之，拖拉机将自动向一侧偏头，造成操向困难。圆盘犁机组作业时自动摆头，操向困难，说明机组存在着偏转力矩，这种现象称为偏牵引。设法消除或减小偏转力矩，就可以消除或改善偏牵引现象。应设法减小土壤作用于犁体的不平衡力，或缩小不平衡力到动力回转中心的距离。土壤作用于犁体的力按照作用的效果可以分解成侧向力和纵向力两种情况。圆盘犁设计时，专门设置了尾轮，用于平衡土壤对犁体的作用力，以保持机组的直线行驶。如果尾轮变形损坏，或调节不当就起不到平衡作用。圆盘犁体、犁架、犁柱等变形，也会造成土壤对圆盘犁体作用力变大，破坏原来调节的犁体状态，造成偏牵引现象。

（2）故障排除

①首先检查圆盘犁体、犁架、犁柱、尾轮等有无变形、损坏，若有则先按前述方法修复。

②然后进行试耕，若还有问题，可按以下步骤调整，边调边试，直到问题解决。第一步：调整尾轮的方向和高度，以平衡土壤对圆盘犁体的作用力，减小不平衡力。第二步：调整悬挂轴架的两个下悬挂点与犁架的相对位置，同样减小偏转力矩。注意此调整要与耕宽调整综合考虑。第三步：调整上拉杆位置。一般使上拉杆平行于机组前进方向或稍向左偏斜，就可以改善偏牵引现象。第四步：必要时，调整拖拉机轮距，使犁的总幅宽与其相配合，可以消除或减少纵向不平衡力到动力回转中心的距离，减小偏转力矩（王玉梅，2015）。

5. 圆盘犁的常见故障诊断与排除方法（表2-14、表2-15）

表2-14　通用型圆盘犁常见故障诊断与排除方法

故障现象	故障诊断	排除方法
入土难或不能入土	①圆盘犁刃口过厚，缠草、杂物 ②圆盘犁重量过轻 ③倾角过大	①修磨刃口，清除杂物 ②犁架上加配重 ③增加倾角
作业时自动摆头，操向困难	①尾轮调整不当 ②倾角过大 ③犁架变形	①调整尾轮的偏角或高低 ②调小倾角 ③矫正犁架

（续表）

故障现象	故障诊断	排除方法
耕后前后垡片大小不一	①前后圆盘犁片倾角调整不一 ②犁架变形 ③配重前后不均	①重新调整各圆盘犁片的倾角 ②矫正犁架 ③调整配重的位置
有漏耕	①耕深过浅 ②前后犁片固定位置间距不当	①适当调整耕深 ②正确调整圆盘犁片的间距

表 2-15 驱动型圆盘犁常见故障诊断与排除方法

故障现象	故障诊断	排除方法
工作时，传动轴偏斜大，操向费力	①尾轮倾角过小 ②尾轮入土量过小 ③尾轮损坏或连接螺栓损坏 ④拖拉机左右限位链长度过长 ⑤犁盘倾角过大（牵引式）	①加大尾轮倾角 ②增大下垂量 ③更换或修理尾轮、连接螺栓 ④调节拖拉机的限位链 ⑤逐个调小犁盘倾角
十字轴损坏	①传动轴装错 ②倾角过大 ③缺少黄油	①应将中间两只夹叉口装在同一平面 ②调整倾角 ③加注黄油
齿轮箱有杂音	①有异物进入箱内 ②齿轮侧隙过大 ③轴承损坏 ④齿轮牙齿折断	①取出异物 ②调整齿轮侧隙 ③更换轴承 ④更换齿轮
犁盘轴转动不灵活	①齿轮、轴承损坏咬死 ②圆锥齿轮无侧隙 ③刀轴连接松动 ④刀轴轴承座缠草	①更换损坏件 ②调整齿轮侧隙 ③拧紧连接螺栓 ④清除杂草
尾轮浮动状态不灵活	①尾轮调节杆变形 ②摆杆铰链处生锈	①矫正 ②除锈、加油
传动箱漏油	①油封、纸垫等损坏 ②箱体有裂纹	①更换 ②修复或更换

（九）注意事项

1. 悬挂圆盘犁作业前的调整

（1）耕深调节

①采用高度调节的悬挂圆盘犁，拖拉机液压系统处于"浮动"状态，通过调节其尾轮的固定上下位置来调节耕深，还要结合调整机具与拖拉机的挂接孔位。②位调节、力调节的悬挂圆盘犁由拖拉机液压系统来控制耕深。耕作时，拖拉机上的位调节手柄向下降，角度移动得越大，耕深也越大。这种方法，犁和拖拉机的相对位置固定不变，当地表不平时，拖拉机的起伏使耕深变化较大，上坡变深，下坡变浅，因此仅适于在平坦

地块上耕作。③力调节的悬挂圆盘犁在耕地过程中，其耕深是由液压系统自动控制的，阻力增大时，上拉杆的压力增加，耕深自动变浅；阻力减小时，上拉杆的压力减少，耕深增加。当土壤比阻不变时，拖拉机上的力调节手柄向深的方向移动角度越大，耕深也越大。这种方法，当地表不平时，基本上能保持耕深均匀。

（2）偏牵引调整

调整偏牵引的方法是通过调节尾轮偏角和位置，以平衡土壤作用在圆盘上的侧向力，保持机组的直线行驶性能。

（3）入土行程调整

圆盘犁工作时，是依靠其重量强制入土的，入土性能比钟式犁差，因此其重量一般要求较大，通常采用重型机架，有时还要加配重，使其获得较好的入土性能。

（4）左右水平、前后水平调整

通过调整拖拉机左右拉杆和上拉杆长度，调整机具左右水平与前后水平。

2. 驱动型圆盘犁作业前的调整

①除了以上调整外，对于拖拉机动力输出轴动力驱动的驱动型圆盘犁还要做如下调整：作业前要检查万向节传动轴连接情况，要求万向节传动两端对应的滑动叉平面要平行；与水平面夹角，作业时不超过15°，调整拖拉机上、下拉杆挂接位置和上拉杆长度。

②传动部分转动灵活性检查调整。通过作业前人工转动和空运转试验，检查转动部分即齿轮箱体、圆盘轴转动的灵活性。要求无异响，转动灵活，否则需要检查调整锥齿轮齿侧间隙、轴承间隙等。

（十）常用圆盘犁机型及主要性能指标

1. 1LY-530 圆盘犁

（1）1LY-530 圆盘犁介绍

该系列产品主要用于旱作区熟土或生荒地的耕翻作业，特别适用于耕翻杂草荒地、高产绿肥田、甘蔗地及稻田。它具有切断草根能力强、滚动阻力小、操作方便等特点。比传统铧式犁负荷轻、油耗低。圆盘轴承座采用双重密封系统，不易损坏，可靠性高，见图2-39。

图2-39 1LY-530 圆盘犁

（2）1LY-530圆盘犁技术参数（表2-16）

表2-16　1LY-530圆盘犁技术参数

项目	单位	参数
配套动力	kW	73.50～99.23
圆盘数	个	5
圆盘直径	mm	720
耕幅	mm	1 500
耕深	mm	300～400
挂接形式		三点悬挂
整机重量	kg	850

2. 1LY-330圆盘犁

（1）1LY-330圆盘犁介绍

该圆盘犁（图2-40）是与拖拉机全悬挂连接配套，作业时犁片旋转运动，对土壤进行耕翻作业。它具有不缠草、不阻塞、不壅土，能够切断作物茎秆、根茎，工作阻力较小等优于铧式犁的特点，特别适用于杂草丛生，茎秆林立，土壤比阻较大，土壤中有砖石碎块等条件复杂农田的耕地作业。

图2-40　1LY-330圆盘犁

（2）1LY-330圆盘犁的技术参数（表2-17）

表2-17　1LY-330圆盘犁技术参数

项目	单位	参数
配套动力	kW	44.1～58.8
圆盘数	个	3

（续表）

项目	单位	参数
圆盘直径	mm	720
耕幅	mm	900
耕深	mm	300～400
挂接形式		三点悬挂
整机重量	kg	580

3. 1LY-425 圆盘犁

（1）1LY-425 圆盘犁介绍

该产品（图2-41）主要用于旱作区熟土或生荒地的耕翻作业，特别适用于耕翻杂草荒地、高产绿肥田、甘蔗地及稻麦田。它具有切断草根能力强、滚动阻力小、操作方便等特点。比传统铧式犁负荷轻、油耗低。圆盘轴承座采用双重密封系统，不易损坏，可靠性高。

图 2-41　1LY-425 圆盘犁

（2）1LY-425 圆盘犁技术参数（表2-18）

表 2-18　1LY-425 圆盘犁技术参数

项目	单位	参数
配套动力	kW	51.454～66.150
圆盘数	个	4
圆盘直径	mm	660
耕幅	mm	1 000
耕深	mm	250～350

（续表）

项目	单位	参数
挂接形式		三点悬挂
整机重量	kg	620

4. 1LY-325 圆盘犁

（1）1LY-325 圆盘犁介绍

该系列产品（图2-42）主要用于旱作区熟土或生荒地的耕翻作业，特别适用于耕翻杂草荒地、高产绿肥田、甘蔗地及稻田。它具有切断草根能力强、滚动阻力小、操作方便等特点。比传统铧式犁负荷轻、油耗低。圆盘轴承座采用双重密封系统，不易损坏，可靠性高。

图 2-42　1LY-325 圆盘犁

（2）1LY-325 圆盘犁技术参数（表2-19）

表 2-19　1LY-325 圆盘犁技术参数

项目	单位	参数
配套动力	kW	40.42～51.45
圆盘数	个	3
圆盘直径	mm	660
耕幅	mm	750
耕深	mm	250～350
挂接形式		三点悬挂
整机重量	kg	520

5. 1LYQ（Z）-827 驱动圆盘犁

（1）1LYQ（Z）-827 驱动圆盘犁介绍

该机（图2-43）采用双侧传动，"人"字结构，两侧的侧向力相互抵消，机手操作更容易。动力圆盘更适用于稻草和杂草较多的稻田以及含水量大的田，对稻草、杂草有很好的切碎和翻盖作用，有效提高土壤的通气性和透水性。人字设计可以根据不同地区不同土质调节幅宽，从而达到更好的耕作效果。

图 2-43　1LYQ（Z）-827 驱动圆盘犁

（2）1LYQ（Z）-827 驱动圆盘犁技术参数（表2-20）

表 2-20　1LYQ（Z）-827 驱动圆盘犁技术参数

项目	单位	参数
耕作幅宽	mm	2 000～2 400
配套动力	kW	73.5～88.2
耕深	mm	150～200
长×宽×高	mm×mm×mm	1 800×2 100×1 330
耕作效率	hm²/h	0.6～1.33

第三节　深松机械

一、机械化深松技术及其作用

通过机械化深松作业可有效地打破长期以来犁耕或灭茬所形成的坚硬犁底层，有效地提高土壤的透水、透气性能。机械深松深度可达 35～50 cm，这是用其他耕作方法所达不到的深度。深松后的土壤体积密度为 12～13 g/m³，恰好适宜作物生长发育，有利于作物根系深扎。

机械深松作业可极大地提高土壤蓄积雨水和雪水能力，在干旱季节又能自心土层提墒，提高耕作层的蓄水量。一般来讲，深松作业地块较未深松地块可多蓄水 165～330 m^3/hm^2，且土壤渗水速率提高 5～10 倍，可在 1 h 接纳 300～600 mm 的降水而不形成径流。

机械深松作业与其他作业相比较，其阻力小、工作效率高、作业成本低。深松机由于其独特的工作部件结构特性，使其工作阻力显著小于铧式犁耕翻，降低幅度达 1/3。由此带来工作效率更高，作业成本降低。

机械深松可使雨水和雪水下渗，并保存在 0～150 cm 土层中，形成巨大的土壤水库，使伏雨、冬雪春用、旱用，确保播种墒情。一般来说，深松比不深松的地块在 0～100 cm 土层中可多蓄 35～52 mm 的水分，0～20 cm 土壤平均含水量比传统耕作条件一般增加 2.34%～7.18%，可有效实现天旱地不旱，一次播种拿全苗。

深松耕法具有打破犁地层，加深耕作层，改善耕层结构，提高土壤蓄水保墒，抗旱耐涝的能力。深松不翻动土壤，可以保持地表的植被覆盖，防止土壤的风蚀与水土流失，有利于生态环境的保护，减少因翻地使土壤裸露造成的扬沙和浮尘天气，减少环境污染。机械化深松适应各种土质，对中低产田作业效果更为明显（洪立华等，2010）。

按所完成作业项目的不同，深松机械可以分为深松机和深松联合作业机两种机具。两者的共同特点是结构简单，工作可靠性高，操作容易，钢铁用量少，工效高。

二、深松机具

（一）深松机具的作业特点和种类

1. 作业特点

目前生产中使用的深松机具都是悬挂式的，主要用于土壤深松耕作、破碎犁底层（通常每 3～4 年进行 1 次）、改良土壤。深松由于不翻土、保持上下土层不乱、对地表覆盖破坏最小，故能减少土壤水分的散失，利用保墒和防止风蚀和水蚀（佘永昌，2004）。

深松机具的工作部件一般为凿形深松犁，直接装在机架的横梁上。犁上备有安全销。耕作中遇到树根或石块等大障碍时，能保护深松犁不受损坏。限深轮装于机架两侧，用以调整和控制松土深度。机架除"T"形结构外，还有桁架结构。其深松铲前后交错排成两列，通过性好，不易堵塞，深松后地表也较平整。深松犁适于高速作业，牵引阻力比铧式犁小，能量消耗仅为铧式犁的 60%，可以减少能源消耗（吕金朝，2003）。

2. 种 类

机械化深松按作业性质可分为局部深松和全面深松两种。全面深松是用深松犁全面松土，这种方式适用于配合农田基本建设，改造耕层浅的土壤。局部深松则是用杆齿、凿形铲或铧进行松土与不松土相间隔的局部松土。由于间隔深松创造了虚实并存的耕层结构，实践证明，间隔深松优于全面深松，应用较广。当前，在生产中应用土壤深松方法主要有间隔深松、垄沟深松、中耕深松、浅耕深松等（许万同 等，2010）。

深松犁是深松机的主要工作部件，由铲头和铲柄两部分组成。为了适应不同的作业要求，铲头形式（图2-44）有凿形铲、鸭掌铲、双翼铲等。

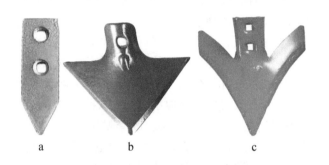

a—凿形铲；b—鸭掌铲；c—双翼铲。

图2-44　铲头形式

（1）凿形铲

又称平板铲。其特点是碎土性能好，工作阻力小，结构简单，强度高，制造容易。它适用于全面深松，也可用于行间深松和种床深松，是应用最广泛的一种深松铲。

（2）鸭掌铲

幅宽大于凿形铲，一般为10 cm，没有铲翼，故强度好，入土能力强，工作阻力小；但制造工艺复杂，用料也比凿形铲多，通用性广。鸭掌铲适用于幼苗期行间深松、上翻下松和耙茬深松等作业。

（3）双翼铲

幅宽较大，一般大于10 cm，铲翼略长，松土范围大，入土和碎土能力强，但结构复杂，工作阻力大。分层深松时，适用于松表层土壤，还可用于除茬作业（肖兴宇，2009）。

凿柄铲的结构简单、强度与刚度都高，幅宽很小，松土范围不大，故适于垄帮深松作业，不易伤根、压苗。

深松铲铲柱结构见图2-45。常用铲柱多为矩形断面，铲头用螺栓固定于其下端。入土部分的前面制成尖菱形，有碎土和减少阻力的作用。有些铲柱采用薄壳结构，其优点是钢的用量少，抗扭和抗弯能力强。缺点是结构复杂，一旦变形难以校正，所以在连接部位应设有安全装置（如安全螺栓、安全销等）（余泳昌 等，2004）。

铲柱的结构对工作阻力有很大的影响。试验表明，铲柱在靠近铲头部分若后倾角 α' 为35°～45°，则有明显减轻阻力的效果（图2-45b）（杜长强，2018）。

有的凿形铲的铲柄在深松时，为了使表土得到较好的松碎，常在铲柄上装较宽的铲翼，见图2-46（肖兴宇，2009）。

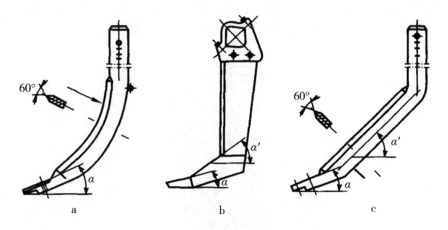

a—弧形铲柱；b—立式铲柱；c—三角形铲柱。

图 2-45 深松铲铲柱

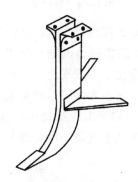

图 2-46 加装双翼的深松部件

深松犁一般采用悬挂式，基本结构见图 2-47。其工作部件一般是凿形深松铲，装在机架后横梁上。连接处备有安全销，保护深松铲。限深轮装于机架两侧，调整和控制耕作深度。有些小型深松犁没有限深轮，靠拖拉机液压悬挂油缸来控制深度（沈瀚 等，2009）。

1—机架；2—深松铲；3—限深轮。

图 2-47 深松犁

深松犁与铧式犁组合即为层耕犁，见图 2-48。铧式犁在正常耕深范围内翻土，而深松铲将下面的土层松动，达到上翻下松，不乱土层的深耕要求。

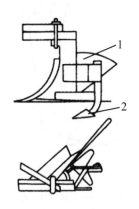

1—铧式犁；2—深松犁。

图 2-48　层耕犁

按作业机具结构原理可分为凿式深松机、翼铲式深松机、振动深松机、鹅掌式深松机等，见图 2-49、图 2-50。不同深松机具因结构特点不一，作业性能也有一定差异，适用土壤及耕地类型也有一定的变化。一般来讲，以松土、打破以犁底层作业为目的常采用全面深松法，以打破犁底层、蓄水为主要目的常采用局部深松法。有些种类的机具兼有局部深松和全面深松的特点，如全方位深松机、振动深松机等。结合作物耕作需要，如翻耕灭茬等，在凿式深松犁柱上增设小翻地铧犁，称作浅翻深松犁。

图 2-49　凿式深松机

图 2-50　翼铲式深松机

3. 凿型铲式深松机

凿形深松犁是深松机最常用的深松机构,但不同深松机具因结构特点不一,作业性能也有一定差异,适用土壤及耕地类型也有一定的变化。有些种类的机具兼有局部深松和全面深松的特点,如全方位深松机、振动深松机等。常见的凿型铲式深松机见图2-51,主要由深松机架、深松铲、上悬挂杆(型号不同,以实物为准)、限深轮等组成。

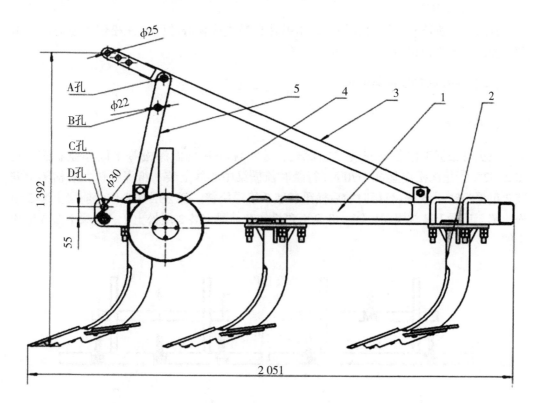

1—深松机架;2—深松铲;3—上悬挂杆;4—限深轮;5—上悬挂支杆、连接卡子。

图2-51 凿型铲式深松机

(1)深松机架

深松机架由前后横梁、左右斜梁、左右支梁焊合而成,是整个机具的支架,其他部件均安装在机架上。

(2)深松铲

深松铲由深松铲齿(铲尖)、铲柄和活动侧翼组成,是机器主要工作部件。按深铲齿形状分为凿形铲、双翼铲、鹅掌铲、宽箭形铲、杆齿铲等。深松铲的侧翼能有效地增加土壤扰动范围、减少阻力、增加耕深和提高深松质量。铲柄也有不同的形状。有的铲柄上安有对称的松土翼,它可以是单层,也可以是双层。松土翼和铲柄的角度为9°~11°。加翼的深松铲,扩大了松土面积,提高了松土系数,同时消除了挤压坚硬层,在翼的下层能形成鼠道式槽沟;还能切断杂草的草根(刘俊安,2018)。

（3）限深轮

限深轮主要起到调整和控制深松机入土深度的作用。有些小型深松机没有限深轮，靠拖拉机的液压悬挂油缸来控制耕作深度。深松铲与限深轮均通过连接卡子与机架相连接。

（4）上悬挂杆和上悬挂支杆

这两个部件主要起到与拖拉机的上悬挂连接作用。

（5）其他零件

有的深松机还有其他的零件，如用弹簧自激式或偏心轮强迫深松铲作业时产生振动，使土壤疏松，达到减少阻力的目的等。

（二）深松机的安装与调整

1. 安 装

该机可根据工作需要安装成超深松、分层深松和全面深松等不同作业状态，见图2-52。①超深松作业60～70 cm行距时前横梁中心线上装1组深松铲，后横梁上安装2组深松铲；45 cm行距时前后横梁各装2组深松铲。②分层深松作业前梁上装3组松土铲，后梁上装3组深松铲。③全面深松作业前梁上装3组松土铲，后梁上装4组松土铲。

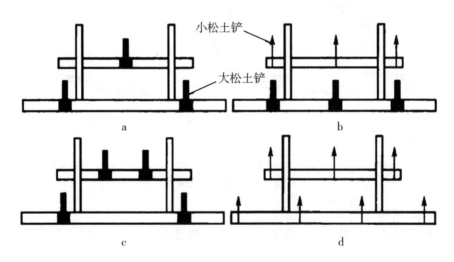

a、c—超深松；b—分层深松；d—全面深松。

图2-52 深松部件示意

2. 调 整

①耕深调整。深松深度通过上下串动地轮柄的位置来实现。地轮柄上有3个孔，每孔之间距离5 cm，因此改变一孔，耕深变化5 cm。松土铲深度调整，同样由改变铲柄在柄裤内的位置来实现。全面深松时，因全部工作部件为松土铲，耕深调整可利用地轮

和铲柄位置结合调整（王颖 等，2011）。

②行距调整。调整行距时，松开固定螺栓，在横梁上左右移动铲柄裤即可，但调整时要注意左右工作部件的安装位置与机架中心线应对称。

③机架水平调整。工作时，机架应保持水平，水平状态可通过拖拉机悬挂装置的中央拉杆长度调整。

3. 使用中注意事项

①机组作业或运输时，机具上严禁坐人。

②深松铲柄向铲柄裤安装时，有螺栓为安全销，当遇障碍剪断时应更换，但不能用其他材质物件代替。

③作业前应检查螺栓紧固情况，发现有松动应及时拧紧。

④每年检查一次地轮轴承润滑情况。

⑤长期停放时，机具用支柱支撑，清除各部泥土，所有螺栓处应常涂机油（肖兴宇，2009）。

（三）深松机的使用与维护

1. 作业准备

①参加深松作业的机手必须经过技术培训，了解掌握机械深松的技术标准、操作规范以及机具的工作原理、调整使用方法和一般故障排除等。

②深松作业前要按照深松技术要求做好以下准备：查看待作业农田秸秆处理是否符合要求，不符合技术要求应及时进行处理；查看土壤墒情和土壤性质是否符合作业要求，不符合应暂缓作业；根据机具性能和土壤情况，确定深松作业速度和深度（唐立丰，2022）。

2. 深松机的使用调整

正确调整和使用深松机是获得高质量作业的前提。

①纵向调整：使用时，将深松机的悬挂装置与拖拉机的上下拉杆相连接，通过调整拖拉机的上拉杆（中央拉杆长度）和悬挂板孔位，使得深松机在入土时有3°～5°的入土倾角，到达预定耕深后应使深松机前后保持水平，保持松土深度一致。

②横向调整：调整拖拉机后悬挂左右拉杆，使深松机左右两侧处于同一水平高度，调整好后锁紧左右拉杆，这样才能保证深松机工作时左右入土一致，左右工作深度一致。

③深度调整：大多数深松机使用限深轮来控制作业深度，极少部分小型深松机用拖拉机后悬挂系统控制深度。用限深轮调整机具作业深度时，拧动法兰螺丝，以改变限深轮距深松铲尖部的相对高度，距离越大深度越深。调整时要注意两侧的高度一致，否则会造成松土深度不一致，影响深松效果。

④作业幅宽调整：由于深松机生产厂家及型号不同，其深松铲的作业覆盖宽度也不

相同。平衡移动深松铲与机架相连接的连接卡子，使各深松铲之间的间距相同，调整好深松机工作部件作业覆盖宽度能达到作业总宽度要求后，拧紧卡子上的螺丝固定深松铲（朱春华，2016）。

3. 深松机作业规范

①设备必须有专人负责操作，熟悉机器的性能，了解机器的结构及各个操作点的调整方法和使用。

②选择适宜的工作地块。一是地块要有足够的面积，有适合的土层厚度；二是能避开障碍物；三是土壤水分适当，含水量15%～20%。

③工作前，必须检查各部位的连接螺栓，不得有松动现象；检查各部位润滑脂，不够应及时添加；检查易损件的磨损情况。

④正式作业前要规划好作业线路，见图2-53，并进行深松试作业，调整好深松的深度；检查机车、机具各部件工作情况及作业质量，发现问题及时调整解决，直到符合作业要求。

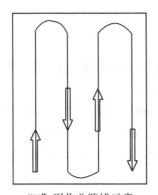
"N"形作业路线示意

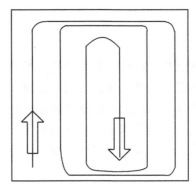
"回"字形作业路线示意

图2-53 作业路线示意

⑤深松作业中，要使深松间隔距离保持一致，作业应保持匀速直线行驶。

⑥作业时应保证不重松、不漏松、不拖堆。

⑦作业时应随时检查作业情况，发现机具有堵塞应及时清理。

⑧机器在作业过程中如出现异常响声，应及时停止作业，待查明原因解决问题后再继续进行作业。

⑨机器在工作时，如遇到坚硬和阻力激增时，应及时停止作业，排除状况后再作业。

⑩机器入土与出土时应缓慢进行，不可强行作业，以免损害机器。

⑪设备作业一段时间，应进行一次全面检查，发现故障及时修理（GB/T 29007—2012，《甘蔗地深耕、深松机械作业技术规范》）。

(四) 深松机的故障诊断与排除方法

1. 深松不够

检查方法：在深松机组作业中或深松地作业结束后，选择具有代表性的地段，垂直犁耕方向，将整个耕幅的松土层挖出剖面5～6处，分别测量松土深度，求其平均值，即为实际深松深度。

产生原因：松土部件和升降装置技术状态不良；松土装置安装不正确或调节不当；土层过于坚硬，松土铲刃口秃钝或挂结杂草，不易入土；土壤阻力过大，拉不动；拖拉机超负荷作业，有意将松土部件调浅。

解决方法：一是在深层松土作业前，应深入田间进行调查研究，用铁锹挖土壤剖面，观察和分析土壤耕层的状态和测定犁底层，然后确定适宜的松土深度。二是认真检修松土装置，正确安装松土铲使其在控制升降的情况下松土铲的入土角均不改变。起犁时松土铲的铲尖应高于大犁铧的支持面；落犁时大犁铧应先接触地面，以免松土铲的铲尖受冲击而折断。三是为了保持松土铲入土能力及其在垂直面上的稳定性，应使松土铲的支持面对土地的水平面稍有倾斜，松土铲的铲尖低于翼部8～10 mm。铲尖磨损时，应取其大值，使倾斜角大些。四是作业中，应经常检查和磨锐松土铲刃口，使其锋锐易入土，减轻阻力。当发现松土铲挂草和粘土过多时，应立即清除。五是根据深层松土的阻力，正确编组机引犁的铧数，切实掌握松土深度，不能因拖拉机功率小而减少松土深度。

2. 深松不均

深松机机组在整个地块作业中，地中、地头、地边和地角的深度不一致，有深有浅，从而影响深层松土的质量。

检查方法：在机组作业中或整个地块结束后，按对角线的方法选择具有代表性的6～9个点，以较平坦的地段作为测点，沿耕幅方向剖开土壤断面至松土最大深度，观察和测量最深、最浅和平均的松土深度。

产生原因：机组作业人员对地头、地边、地角的深层松土的意义认识不足，个别松土部件变形或安装不标准，松土铲铲尖倾斜，入土角度过大；深松机架和松土装置升降机构变形或牵引架垂直调整不当；深松部件的深浅和水平调整不当。

解决方法：一是作业前，必须认真检修深松机架、深松部件及升降机构，确保技术状态良好，在安装松土装置时，应考虑到各杆件连接点的游动间隙；松土铲末端在铲尖以上的总高度不得超过15 mm，铲底要平整。二是正确调整深松机的垂直牵引中心线，使前后机架和松土铲保持平行作业，防止松土铲的入土深度不均。三是根据土质、地形及时调整机具的深浅和水平调节舵轮。做到各松土铲入土深度一致和地头、地边、地角、地中一样。

3. 土层搅乱

在犁耕作业同时进行深层松土的犁铧和松土铲或无壁犁的松土部件，将上层和下层的土壤搅动混乱，使表土和心土掺合在一起，使未经过风化的心土翻搅到上层过多，影响作物的生长。

检查方法：在已深松过的土地上，选择具有代表性的地段作为测点，沿其耕幅方向将上层剖开，仔细观察并测量松土层与耕翻层中上层表土与下层心土掺和的程度。

产生的原因：松土铲入土倾角过大或犁铧安装过近；犁铧翻土性能差或松土铲柄上挂结杂草；根据农艺标准秋季深松作业时土壤含水量应为 15%～25%，如土壤过干就会造成上翻土层和下松土层土块过大；犁铧或松土铲堵塞后未及时清理。

解决方法：除保证犁铧和松土铲技术状态良好外，还应做到：一是作业前要正确安装松土铲，使铲尖与犁铧尖之间的距离不得小于 500 mm，否则松土铲掘松的心土会触及前面犁铧，搅乱上下层土壤，容易产生倾角过大；二是在土壤过干的田块内，不应采用无壁犁进行深松土作业；三是在深松作业中，当发现犁铧、松土铲和铲柄挂结杂草时，应立即停车清理。

4. 土隙过大

用无壁犁进行深松作业时，其深松层内的土块较多，互不衔接，土壤孔隙较大。在作物播种前如不采取增加压实土壤的措施，土壤漏风则不利于种子的发芽和作物的生长。

检查方法：根据深松耕层内土壤孔隙的大小程度，可在已深松和未深松的地块中进行剖面取样，并分别用测定土壤容重的方法进行对比衡量。

产生原因：无壁犁体扭曲变形；无壁犁挂接不正，机组斜行；无壁犁体挂草或粘土，造成向前、向上和向两侧壅土；土壤板结或土壤中水分过少或犁底层过厚；机组作业速度过快，使掘松开的土块移动过大。

解决方法：一是根据农艺标准深松作业时土壤含水量应为 15%～25%。切忌用无壁犁深松土壤过干或过湿的土地，以免在耕层内结成较大和较多的土块，给整地作业造成困难。二是检修好无壁犁体，确保技术状态良好，正确调整无壁犁的水平牵引中心线，勿使犁架斜行。三是驾驶员精力要集中，保持作业机组正直运行，速度不宜过快。四是作业中，如发现无壁犁体上挂结残株杂草和泥土时，应立即清除。

5. 漏 松

在深层松土的作业中，由于某些原因而造成不同形式和不同程度的漏松，使深松作业质量下降，在一个地块内会影响农作物均匀生长，造成粮食的减产。

检查方法：在深松作业过程中或整个地块作业结束后，采用挖土壤剖面的检查方法，观察并统计底层心土或犁底层的漏松情况和漏松程度。

产生原因：机组人员对地头、地角、地边进行全面深松的意义认识不足；深松部件安装不正确；犁的水平牵引中心线调整不当，斜行作业；驾驶员操作技术水平低，机组左右画龙。

解决方法：除机组作业人员端正工作态度和提高操作水平外，还应做到：一是正确安装深松部件；二是正确调整犁的水平牵引中心线；三是为保证耕作层内全面深松，减少牵引阻力，松土铲一般的宽度为主犁铧幅宽的4/5，松土铲的中心线应位于大犁铧中心线的右侧3～4 cm，这样既能避免松土铲升起时与犁床相碰，又可使尾轮行走在未疏松过的沟底上（边纪，2014）。

（五）深松作业质量检测

深松深度是深松沟底距该点作业前地表的垂直距离，也可以理解为深松沟底到未耕地面的距离，而不是深松沟底到深松（或深松旋耕联合）作业后地表面的距离，见图2-54。

暄土厚度是指深松机械作业后土壤耕作层上表距离深松沟底的垂直距离。

浮土高度是指深松机械作业后土壤耕作层上表面距离该点作业前地表面的垂直距离，一般以旁边同一地平面的未耕地作为该点耕作前的参考地平高度。

深松深度=暄土厚度-浮土高度。

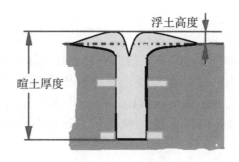

图2-54 深松深度

农业农村部要求：深松深度大于25 cm，深松铲间隔小于70 cm。

由于农机深松的主要目的是打破犁底层，所以在确定深松深度前，首先要对深松地块进行调查，测量出犁底层深度，并保证深松深度要大于犁底层深度1～3 cm。一般来说，对常年旋耕深度为10～15 cm的地块，深松深度达到25 cm即可，但是对常年旋耕深度在15 cm以上的地块，深松深度要相应增加。

①深度检测。采用快速检测法（三段式检测法），选择检测点应避开地头、田边，原则上距离地头≥5 m，地边≥1 m；每2个检测段之间应沿作业行进方向间隔3～5 m，3个检测段需要在不同的作用幅内，见图2-55。方法是用钢板尺插入深松沟内，测量暄土厚度，减去浮土厚度，求平均值，即为深松深度。间隔深松在每个深松行分别测量1个深松深度值；全方位深松在工作幅宽方向测量3个深松深度值，两边深松行分别测量1个深松深度值，中间测量1个深松深度值，每两个测量点间隔0.5 m左右（尹彦鑫等，2018）。

②行距检测。分为一个作业幅内的幅内行距和作业幅与幅相邻行的相邻行距。

③检测时间以耕边检测为最佳。要求在3 d内且在雨天前检测，防止土壤回填后加大了误差。如果对检测结果存在争议，则可采用规范中的检测方法重测或申请上级权威部门进行检测。

三铲深松作业示意见图2-55。

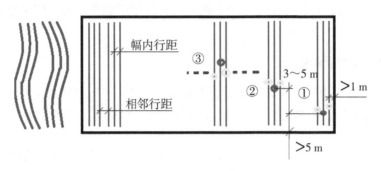

图2-55 三铲深松作业示意

（六）浅翻深松机

1. 浅翻深松犁

浅翻深松犁是将铧犁的犁柱卸下，然后安装上杆齿深松铲，并在杆齿上焊接上两个翼，再在右侧翼上面加装小翻地铧，该种深松机不仅可以实现深松整地的效果，并且还能够起到灭茬的作用。该深松机的制作成本较低，每台安装3～5套深松铲，动力方面需要配套48 kW以上的拖拉机，这也是目前应用最为广泛的一种深松机型。

2. 机械浅翻深松整体技术的应用

①破除板结，深松作业耕作后效果通常为3年，其能够改善铧式犁翻地，从而使得土壤耕层上下混拌、底部的黏土生长上移，将表层营养土下移。另外，深松能够保持表层土壤的长期稳定性，增加有机质的含量，逐渐形成团粒结构，从而提升农田土壤的肥力。

②改良土壤，深松能够打破犁底层，增加底层土壤的孔隙，从而扩大犁底层和熟土层之间的水、肥和热等交换面积，增加底层水的上升能力。

③覆盖杂草、残茬，浅翻深松在深松的过程中，还带有平翻的作用，当翻地的深度为12～15 cm时，能够覆盖杂草和残茬，同时还能够有效地防治病虫害（刘波，2006）。

（七）常用深松机型及主要性能指标

1. 1ST系列松土机

（1）1ST系列松土机介绍

该机（图2-56）采用可拆卸式铲尖，便于更换。用于打破犁底层，加深耕层，提高土壤的蓄水保肥能力；改善土壤结构，减少降雨径流，减少土壤水蚀。

图 2-56　1ST 系列松土机

（2）1ST 系列松土机技术参数（表 2-21）

表 2-21　1ST 系列松土机技术参数

项目	单位	1ST-3B（重型）	1ST-4B（重型）	1ST-5B（重型）	1ST-3D（重型）
松土范围	mm	2 000	2 000	2 000	2 000
犁铧数	个	3	4	5	3
设计耕深	mm	380	380	400	380
最大耕深	mm	400	400	450	400
犁架主梁离地间隙（犁腿高度）	mm	600	600	600	600
主机架类型		异形焊管	异形焊管	异形焊管	异形焊管
连接形式		国际Ⅱ类三点悬挂	国际Ⅱ类三点悬挂	国际Ⅱ类三点悬挂	国际Ⅱ类三点悬挂
重量	kg	530	560	580	650
配套动力	kW	51.45～58.80	58.80～66.15	58.80～66.15	66.15～73.50

2. 1SS 系列保护式深松机

（1）1SS 系列保护式深松机介绍

该机（图 2-57）性能稳定可靠。采用液压不停机保护机构，在深松过程遇障（石头或树根等硬物）时可自动避让，越障后自动恢复正常工作，可连续不停机作业，工作效率高。可拆卸式铲尖，便于更换。

图 2-57　1SS 系列保护式深松机

（2）1SS 系列保护式深松机技术参数（表 2-22）

表 2-22　1SS 系列保护式深松机技术参数

项目		单位	1SS-100	1SS-200	1SS-250
	挂接方式		三点悬挂	三点悬挂	三点悬挂
整机	外形尺寸 总长	mm	1 600	1 600	1 600
	总宽	mm	1 530	2 330	2 830
	总高	mm	1 640	1 640	1 640
	结构质量	kg	900	1 100	1 200
	操作人数	人	1	1	1
配套动力	机型		轮式拖拉机	轮式拖拉机	轮式拖拉机
	功率	kW	≥102.9	≥132	≥154.35
深松	工作幅宽	mm	1 000	2 000	2 500
	深松深度	mm	500	500	500
	深松齿数	个	3	5	6

3. 1SFL 系列浅翻深松机

（1）1SFL 系列浅翻深松机介绍

浅翻深松机（图 2-58、图 2-59）适合我国旱作地区的甘蔗、菠萝等作物的浅翻深松作业，是土壤保护性耕作的理想配套机具。该机一次作业即可完成土壤的浅层翻转和深层松动。具有结构设计合理、技术性能先进、作业效率高、可靠性好、使用方便等优点。

图 2-58　1SFL-120 浅翻深松机

图 2-59　1SFL-160 浅翻深松机

（2）1SFL 系列浅翻深松机技术参数（表 2-23）

表 2-23　1SFL 系列浅翻深松机技术参数

项目	单位	1SLF-120	1SLF-160
工作耕幅	mm	1 150	1 520
犁铧数	个	3	4
设计耕深	mm	500	500
最大耕深	mm	520	520
犁架主梁离地间隙（犁腿高度）	mm	860	860
保护装置类型		安全螺栓	安全螺栓
主机架类型		合金特钢厚壁无缝炮管	合金特钢厚壁无缝炮管
连接形式		国际Ⅱ类三点悬挂	国际Ⅱ类三点悬挂
重量	kg	580	720
配套动力	kW	51. 45～62. 48	80. 85～95. 55

三、深松旋耕联合作业机

深松旋耕联合作业机作为典型的多功能联合作业机，不仅实现单一深松、旋耕作业的功能，并具有以下优点：①保护土壤。减少农机具作业次数，从而降低拖拉机对土壤的破坏，保护土壤中的团粒结构，降低土壤板结。②作业效率提高。有利于抢农时，使整地时间相对缩短了 7～10 d，相对增加作物生长周期以及年有效积温。③节省油料，降低作业成本。与传统的翻、耙、压单项依次作业工序相比可节省油料 15 kg/hm^2 左右，降低油耗 21.7%～40%。④减少环境污染。联合整地机作业次数减少，从而减少了拖拉机废气排放量。研究深松旋耕联合作业机符合我国国情，对促进农业可持续发展具有重要意义（韦丽娇 等，2013）。

（一）深松旋耕联合作业机概述

深松旋耕联合作业机多指深松铲安装在前与旋耕、圆盘耙等部件组合，对中下层土壤进行疏松的同时对表层土壤进行碎土整地作业，根据结构不同可分为以下几种（董学虎 等，2013）。

1. 深松旋耕联合作业机

深松旋耕联合作业机采用深松、旋耕两项核心技术，主要的工作部件由深松铲或振动深松铲、旋耕刀辊和平整镇压部件组成。其特点是深松铲安装在旋耕刀辊前方的机架上，旋耕刀辊后方设有平土拖板或镇压辊，旋耕刀辊转速一般为 200～400 r/min。工作时，机具前方的深松铲对中下层土壤疏松，以打破坚硬的犁底层，增加土壤的透气性和透水性，拖拉机驱动旋耕刀将深松后凹凸不平的地表松碎平整，机具后方的平土拖板或者镇压辊对细碎土壤进行压实，为种子生长创造良好的土壤环境。

2. 深松旋耕起垄联合作业机

深松旋耕起垄联合作业机在深松基础上增设旋耕起垄联合作业机，以减少土壤的耕作次数，深松铲安装在旋耕刀辊的前方或者后方，并在相邻两个起垄铧中线的前方。

3. 深松耙地联合作业机

深松耙地联合作业机的深松铲在机具最前方，与从动部件圆盘耙组合，圆盘耙既能灭茬，又起到碎土镇压作用，圆盘耙组一般采用双排偏置安装。机具工作时，对土壤间隔深松，打破犁地层，之后圆盘耙对深松过的地表灭茬碎土平整，机具可根据作业性质和土壤条件，选用镇压碎土辊。整机的幅宽及长度较小，质量轻，一般与拖拉机悬挂连接。

目前，在生产当中以深松旋耕联合作业机使用为主，本节以深松旋耕联合作业机展开叙述。

（二）深松旋耕联合作业机

1. 结构组成

1GS-230 型甘蔗地深松旋耕联合作业机（图2-60）由侧板、上悬挂架组合、深松铲总成、中间齿轮总成等组成。

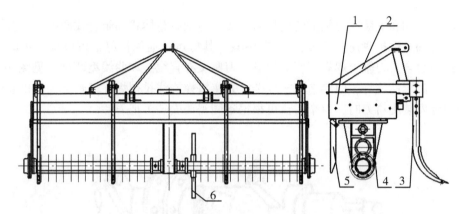

1—侧板；2—上悬挂架组合；3—深松铲总成；4—中间齿轮总成；5—拖板；6—旋耕装置总成。

图2-60　1GS-230型甘蔗地深松旋耕联合作业机结构

深松作业装置主要由松土铲、松土铲固接器等组成。松土铲铲尖与松土铲采用可拆卸连接，铲尖磨损后可更换。旋耕整地作业装置主要由传动装置、旋耕装置、机罩拖板等组成。

2. 传动装置

传动装置包括齿轮箱、侧边传动箱或中间传动箱。拖拉机的动力传至齿轮箱后，再经侧边传动箱或中间传动箱驱动刀轴。传动方式有侧边链轮传动、侧边齿轮传动和中间传动3种。中间齿轮箱中有一对圆柱齿轮和一对锥形齿轮，见图2-61a。侧边齿轮箱有齿轮传动和链传动两种，见图2-61b、图2-61c。

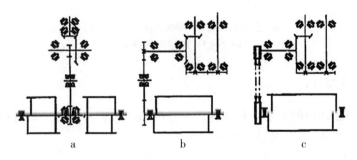

a—中间传动；b—侧边齿轮传动；c—侧边链轮传动。

图2-61　传动装置

链轮传动零件数目少、重量轻、结构简单，但链条易磨损断裂，使用寿命短。齿轮传动可靠性好，但加工精度高、制造复杂、成本高。耕幅较窄的旋耕机则用中间传动，但中间传动箱下部会造成漏耕，影响作业质量。为适应不同的作业要求，有时需要改变旋耕机刀轴的转速。变速的方法是更换传动齿轮或链轮，也可以在齿轮箱外设变速杆，或使拖拉机动力输出轴有多个挡位，用换挡的方式变速。

3. 刀 辊

刀辊由刀轴和安装在刀轴上的旋耕刀组成。刀轴有整体式和组合式两种。组合式刀轴由多节管轴通过接盘连接而成，见图2-62。其特点是通用性好，可以根据不同的幅宽要求进行组合。刀轴上焊有刀座或刀盘。刀座又有直线型和曲线型两种，见图2-63。曲线型刀座滑草性能好，但制造工艺复杂。刀座按螺旋线排列焊在刀轴上，以供安装刀片。用刀盘安装旋耕刀时，每个刀盘可根据不同需要安装多把刀片。

图2-62 组合式刀轴

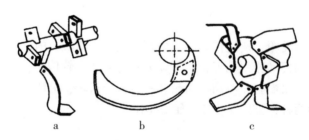

a—直线型刀座；b—曲线型刀座；c—刀盘。
图2-63 旋耕刀的安装

4. 刀片（旋耕刀）

旋耕刀片是旋耕机的主要工作部件。刀片的形式有多种，常用的有凿形刀、弯刀、直角刀等，见图2-64（肖兴宇，2009）。

（1）凿形刀

凿形刀见图2-64a。刀片的正面为较窄的凿形刃口，工作时主要靠凿形刃口冲击破土，对土壤进行凿切，入土和松土能力强。功率消耗较少，但易缠草，适用于无杂草的

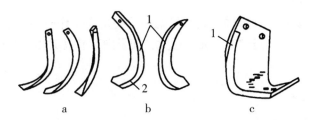

1—侧形刃；2—正切刃。

a—凿形刀；b—弯刀；c—直角刀。

图 2-64　旋耕刀片

熟地耕作。凿形刀有刚性和弹性两种，弹性凿形刀适用于土质较硬的地，在潮湿黏重土壤中耕作时漏耕严重。

（2）弯形刀

弯形刀见图 2-64b。正面切削刃口较宽，正面刀刃和侧面刀刃都有切削作用，侧刃为弧形刀刃，有滑动作用，不易缠草，有较好的松土和抛翻能力，但消耗功率较大，适应性强，应用较广。弯刀有左、右之分，在刀轴上搭配安装。

（3）直角刀

直角刀见图 2-64c。刀刃平直，由侧切刃和正切刃组成，两刃相交约 90°。直角刀的刀身较宽，刚性较好，具有较好的切土能力，适于在旱地和松软的熟地上作业。

5. 万向节轴

万向节轴是将拖拉机动力传给旋耕机的传动件。它能适应旋耕机的升降及左右摆动的变化。万向节轴的构造见图 2-65，主要由十字节、夹叉、方轴、轴套和插销等零件组成。

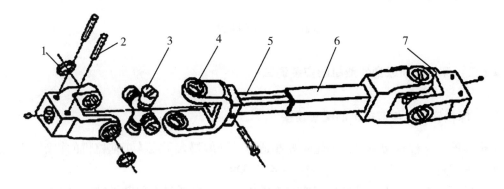

1—挡圈；2—插销；3—十字节；4—夹叉；5—方轴；6—轴套；7—夹叉。

图 2-65　万向节轴的构造

万向节轴与轴头连接时，先抽出插销，然后持活节叉与花键轴头相连，再插上插销和开口销就可固定位置。

使用万向节时，要求万向节轴与旋耕机轴头的夹角在耕作时不大于10°，地头转弯提升（动力不切断）时不大于30°。夹角过大，使万向节转动时阻力矩变大，转动不灵活，使用寿命缩短。

6. 旋耕刀片的安装

（1）总体要求

为了使机具在作业时避免漏耕和堵塞，刀轴受力均匀，刀片在刃轴上的配置应满足以下要求（肖兴宇，2009）。

①各刀片之间的转角应相等（平均角＝360°／刀片数），做到有次序地入土，以保证工作稳定和刀轴负荷均匀。

②相继入土的刀片在轴上的轴向距离越大越好，以免夹土和缠草。

③左右跨刀要尽量做到相继交错入土，使刀滚上的轴向推力均匀，一般刀片按螺旋线规则排列。

④在同一回转平面内工作的两把刀片切土量应相等，以达到碎土质量好，耕后沟底平整的目的。

（2）刀齿安装

因作业要完成深松、旋耕两个工序，机具刀齿在刀轴上的安装主要采用交错对称安装方式，两种安装方式如图2-66所示，左右弯刀在刀轴上交错排列安装。耕后地表平整，适用于耕后耙地或播前耕地，也是一般疏松土壤地区常用的方法。安装时，应注意使刀轴的旋转方向和刀片刃口方向一致，并进行全机检查，特别是螺钉要紧固，严防旋耕刀飞出伤人（解震 等，2018）。

图2-66　刀齿的安装方式

（三）深松旋耕联合作业机的安装调试

1. 深松旋耕机与拖拉机的配套连接

机具的工作幅宽与拖拉机的轮距要相适应，一般要大于或等于拖拉机的轮距，以免工作时拖拉机的轮距压实已耕地（肖兴宇，2009）。

深松旋耕机一般用三点悬挂方式与拖拉机连接，并通过万向节转动轴与拖拉机动力输出轴相连。万向节与拖拉机、旋耕部件间的连接应该满足以下几点。正确方式和错误方式见图2-67。

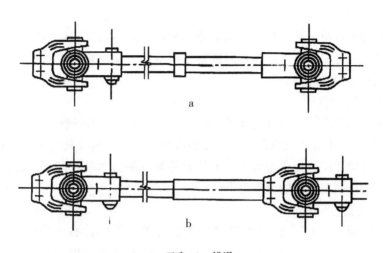

a—正确；b—错误。
图 2-67　万向节的正误安装

①方轴和方轴套间的配合长度要适当。安装万向节轴时，应注意伸缩方轴的长度应和拖拉机型号相适应，选用不同型号拖拉机，其方轴或方轴长度也不相同，在万向节轴的构造中已说明。

②方轴与方轴套的夹叉须在同一平面内。若装错，旋耕机的传动轴回旋就不均匀，并伴有响声和振动，使机件损坏。

③机具降到工作位置，达到预定耕深时，要求旋耕机中间齿轮箱花键轴（即第一轴）与拖拉机输出轴平行，以便万向节与两轴头间的夹角相等，使转动平稳，延长万向节使用寿命。如不符，可通过改变拖拉机上调节杆的长度来调节。

机具的试耕：在安装好以后，应先进行试耕，进一步检查旋耕机安装的技术状态。同时调整旋耕机，使耕深和碎土性能符合农业要求。

试耕前，先将机具稍微离开地面，接合动力输出轴，让旋耕机低速旋转，检查各部件运输是否正常。如系链条传动，应了解链条张紧度是否合适，可用转动刀轴的旋转角度来确定。一般扳动刀轴能较容易地转过约 20°，再扳就需花费较大力气时，即认为合适。待一切正常时方可试耕。试耕时，应根据耕作条件（旱耕及土壤质地），选择拖拉机前进挡位和旋耕机转速。耕作时应先接合动力输出轴，使旋耕部件旋转，一面接合离合器，然后一面落下机具，使深松部件缓慢入土，使拖拉机前进。绝对禁止先将机具落到地面，突然接合动力，使旋耕机刀片受冲击载荷，引起发动超载，同时还会损坏机具和拖拉机的传动零件。

2. 旋耕机的调整

（1）耕深调整

轮式拖拉机配用的旋耕机，一般由拖拉机液压系统用位调节方式控制，或在旋耕机上安装限深滑板控制。手扶拖拉机配用的旋耕机，耕深通过改变尾轮的高低位置来调整。

（2）水平调整

三点悬挂的旋耕机，其水平调整与悬挂犁相同，左右水平用拖拉机上拉杆来调节。改变上调整杆的长度，可在工作位置时调整拖拉机动力输出轴与旋耕机输入轴平行度，保证万向节轴转动的均匀性。

（3）提升高度调整

旋耕机在传动状态下的提升高度受万向轴允许的最大夹角限制，最大夹角一般不超过30°，有负荷时更不允许大夹角转动，以免损坏万向节。地头转弯时，需要防止旋耕机升得过高，而使万向节夹角过大，一般使刀片离开地面20 cm即可。在开始耕作前，应先将液压手柄限制在允许的提高度上。

（4）碎土性能的调整

碎土性能与机组的前进速度和刀轴的转数有关。刀轴转数一定时，增大前进速度，则土块变大；减少前进速度，则土块变小。机组前进速度一定时，增大刀轴转速，则土块变小；减小刀轴转速，则土块变大。选择拖拉机前进速度和刀轴转数的原则是在保证碎土性能达到农艺要求的基础上，充分发挥拖拉机动率，以提高功效（肖兴宇，2009）。

3. 调试要求

①传动系统不得有异常响声。

②动力输入轴运转灵活，空转扭矩：侧边传动不大于15 N·m，中间传动不大于20 N·m。

③各调整装置应可靠、方便、灵活，无卡滞和不易锁定等缺陷；带拨叉变速的旋耕机应能灵活换挡，不得有卡滞或挂不上挡现象，挂挡后不得有自动脱挡现象。

④旋耕刀轴转动平稳，刀轴半径变动量：手扶拖拉机配套旋耕机应不大于12 mm，其他应不大于15 mm。

4. 调试方法

①旋耕机动力输入轴的转动灵活性检查同驱动型圆盘犁。

②链传动张紧程度检查。可以在两链轮中间用于压链条，检查链条的下垂量，正常值为15～20 mm，过大就要设法张紧。

③在磨合试验台上，使机具按照工作转速转动，检查传动系统的传动情况。必要时，要对齿轮箱中轴承间隙、齿轮的齿侧间隙、接触印痕等进行调整。调整的要求及方法同驱动型圆盘犁。

④旋耕刀轴径向跳动与轴承座间隙的调整。通常在机具安装磨合时完成。方法为：跳动量和间隙值较小时，可以在磨合时，通过加热刀轴管与花键轴套焊合处，减少刀轴的径向跳动量和轴承座的间隙。当刀轴弯曲明显，影响刀轴转动时，需要通过液压或机械方式调整。

⑤调整装置、地轮、变速操纵杆直接在机具上手工进行（黄敞 等，2014）。

(四) 深松旋耕联合机的使用与维护

1. 机具的田间使用

①机具工作之前，检查旋耕刀的刀刃方向以避免装反，旋耕刀销轴和方向节锁销是否牢靠，确认无误后方可正常使用。

②发动拖拉机时，应确保机具离合器操作手柄处于分离位置。

③要保证机具提起并处于悬空状态时才可以接合动力，当旋耕刀达到额定转速后，将深松旋耕机缓慢降下，使旋耕刀入土开始作业。需要注意的要点有：①禁止旋耕刀先入土后起步，防止对旋耕刀及相关部件造成损坏；②禁止下降机具速度过快；③禁止在旋耕刀入土时倒退和转弯。

④保证安全作业。田间转弯动力连续供给时，深松旋耕机不可以提升过高，升降时要降低发动机转速，万向节传动角度安全范围为 0～30°。远距离行走时，应切断动力，将深松旋耕机提升至较高处。

⑤深松旋耕机作业时，人应远离旋转工作部件，严禁站在作业机后方，避免"飞刀飞石"伤人。

⑥停机无动力时，方可检查机具、更换刀片。

⑦深松旋耕机作业速度要求。旱田：2～3 km/h 最佳；已耕翻或耙过的地：5～7 km/时最佳；水田耕作可将速度适当提高，应注意如果速度过高会导致拖拉机超载而损坏动力输出轴。

⑧调整拖拉机轮距，保证在深松旋耕机的作业幅内，避免压实已耕作地面。

⑨作业中应经常注意旋耕刀轴的清理，避免由于杂草缠绕造成机具负载过大。

2. 机具的维护与保养

正确进行维护，是确保机具正常运转、提高功效、延长使用寿命的重要措施（黄敞，2015）。

①检查、拧紧各连接螺栓、螺母。

②检查各部位的插销、开口销有无缺损，必要时更换新件。

③检查齿轮油，不够时应添加至规定油位，如变质则应更换。

④检查弯刀是否缺损、磨损，螺栓是否松动、变形，如有，则应补齐、拧紧及更换。

⑤检查铲尖和侧翼是否缺损或松动，如有，则应补齐、拧紧及更换。

⑥检查有无漏油现象，必要时更换纸垫或油封。

⑦检查万向节是否因滚针磨损而松动，由于有泥土而致扳动不灵活时应拆开，清洗后装好并补足黄油。

⑧检查传动系统各部位轴承、油封，若失效，则应拆开清洗更换新件，加足润滑油。

⑨换季停止使用时，彻底清除机具的油泥，表面涂油漆，以防锈蚀。

⑩机具最好停放于室内或棚子下，并做好防晒、防雨、防潮措施。

（五）深松旋耕联合机的故障诊断与排除方法（表2-24）

表2-24 深松旋耕联合机的故障诊断与排除方法

故障现象	故障诊断	排除方法
旋耕刀片弯曲或折断，灭茬刀弯曲或折断	①旋耕刀片与田间的石头、树根等直接相碰 ②机具猛降于硬质地面 ③刀片本身的制造质量差 ④作业拐弯时机具未抬起 ⑤入土深度过大	①事先清除田间的石头，作业时绕开树根 ②机具下降时应缓慢行进 ③购买正规厂家生产的合格的旋耕刀片 ④转弯时必须抬起机具 ⑤灭茬刀入土不宜过深，以5～6 cm为宜
旋耕刀座损坏	①旋耕刀遇到石头时受力过大 ②刀座焊接不牢 ③刀座本身材质不好	①修复损坏的刀座 ②焊接时注意刀座的方位，刀座的排列是有规律的；焊接后应检查焊接质量，必须焊实，防止虚焊 ③购买材质好的刀座
轴承损坏（多为边齿轮箱轴承，一般为204或205轴承损坏）	①齿轮箱内齿轮油不足，轴承因缺少润滑油而损坏 ②轴承质量差	①及时检查两个齿轮箱的齿轮油存量，杜绝各种漏油，及时更换损坏的油封和纸垫 ②及时加注黄油，更换轴承时应选购优质轴承
齿轮损坏	①直齿轮损坏多为轴承残体进入齿轮辐所造成的断齿，也有少数是齿轮本身质量不好所致 ②锥齿轮多为间隙调整不当导致早期磨损	①经常检查齿轮箱润滑油油面高度，防止轴承损坏，更换齿轮时要选用优质产品 ②工作一段时间后，应严格按照说明书要求调节锥齿轮间隙
齿轮箱体损坏	①多为轴承损坏后残体进入齿轮辐造成齿轮箱破裂 ②齿轮箱碰到田间的大石头或电力、电信混凝土标志物而损坏	①经常检查齿轮箱润滑油油面高度，防止轴承损坏 ②绕开地里的各种障碍物
万向节十字轴损坏	①动力输出轴与联合整地机的连接倾角过大 ②十字轴缺油 ③联合整地机入土时，拖拉机加油过猛 ④十字轴左右摆动过大	①按要求调整动力输出轴与机具的连接倾角，倾角过大可将后边旋耕部分下降，使机具前部抬头 ②十字轴每4 h加注黄油1次，作业时勤检查十字轴的温升情况 ③机具刚入土时，应缓慢加大油门 ④将左右调节链调好后锁上
灭茬刀轴、旋耕刀轴转动不灵或不转动	①多为刀轴缠绕杂物 ②锥齿轮、锥轴承没有间隙卡死 ③轴承损坏后其残体卡入齿轮啮合面，使齿轮不能转动 ④刀轴受力过大后弯曲，导致轴承不同心	①清除杂物 ②及时调整锥齿轮、锥轴承间隙 ③清除轴承残体，更换轴承 ④矫直刀轴

　　旋耕机润滑示意（单轴型中间传动）、旋耕机润滑示意（双轴型）分别见图2-68、图2-69。

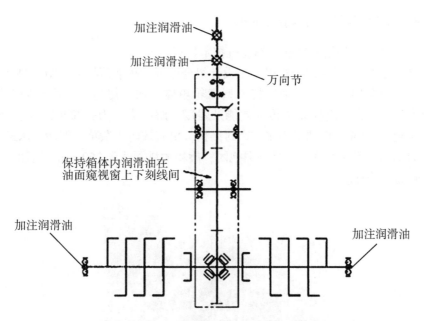

图2-68　旋耕机润滑示意（单轴型中间传动）

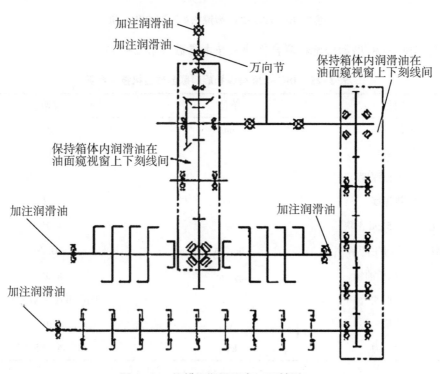

图2-69　旋耕机润滑示意（双轴型）

（六）常用深松旋耕机型及主要性能指标

1. 1SG-230 型深松旋耕联合作业机

（1）1SG-230 型深松旋耕联合作业机技术特点

该机（图2-70）采用焊合式机架，设计组合镶嵌式耐磨深松齿，结合热处理技术，实现了深松深耕降阻、耐磨。采用特大型齿轮箱体总成，使用高强度球墨铸铁材料，M10 模数大齿轮，大幅度提高了传动效能及强度，解决大马力拖拉机的配套问题，配套动力延伸到 147 kW。耙轴采用多重密封结构，更有效防止杂草、泥沙、水进入轴端。加大加厚的耙轴，不易缠草，不易粘泥抱团，旋耕大耕深达到 250 mm，适用于甘蔗地、香蕉地的耕整地作业。

图 2-70　1SG-230 型深松旋耕联合作业机

（2）1SG-230 型深松旋耕联合作业机技术参数（表2-25）

表 2-25　1SG-230 型深松旋耕联合作业机技术参数

项目	单位	参数
工作耕幅	mm	2 300
深松犁数	个	4
设计深松深度	cm	≥35
旋耕深度	cm	≥8
碎土率（≤5 cm 土块）	%	≥75
纯工作小时生产率	hm²/h	≥0.20
单位面积耗油量	kg/hm²	≤35
连接形式		国际Ⅱ类三点悬挂
重量	kg	830
配套动力	kW	80.85～95.55

2. 1SZL-250型深松整地联合作业机

（1）1SZL-250型深松整地联合作业机技术特点

该机（图2-71）主要采用后置液压全悬挂连接方式，同时完成深松、旋耕、整地联合作业，使土壤形成虚实并存的良好状况，充分吸收雨水，满足作物生长的水、肥、气、热条件，促进植物生长发育；工作运行平稳、作业性能好、适应性广泛，调整、维修方便；耕整率高、耕作深度均匀、地面平整，碎土充分、表土松软。

图2-71 1SZL-250型深松整地联合作业机

（2）1SZL-250型深松整地联合作业机技术参数（表2-26）

表2-26 1SZL-250型深松旋耕联合作业机技术参数

项目	单位	参数
配套功率	kW	91.9～110.3
工作幅宽	mm	2 500
作业效率	hm²/h	0.48～0.91
深松深度	mm	250～350
挂接方式		三点悬挂
深松铲结构		凿形铲带翼/曲面铲
深松形式		普通深松/全方位深松
铲数	个	5
铲间距	mm	500
整地部件形式		框架结构
整地部件传动方式		中间齿轮传动
旋刀形式		IT245
旋刀数量	把	72

3.1SZL 系列深松整地联合作业机

（1）1SZL 系列深松整地联合作业机技术特点

1SZL 系列深松整地联合作业机（图 2-72）属于全方位式具备复式作业功能的深松整地机具，采用纯进口高强度硼钢材质独特的"弧面倒梯形"深松铲，可扩大对土壤的耕作范围，配套多款系列旋耕机和多种形式的镇压辊，可一次性完成深松、旋耕、碎土、镇压等多道工序，整地效果好并达到待播状态。

图 2-72　1SZL 系列深松整地联合作业机

①作业质量高。深松铲采用特种弧面倒梯形设计，作业时不打乱土层、不翻土，实现全方位深松，形成贯通作业行的"鼠道"，松后地表平整，更利于旋耕整地作业，经过重型镇压辊镇压提高保墒效果和播种质量。

②适应性强。采用可调行距的框架结构和高隙加强铲座，适用于不同质地及有甘蔗叶覆盖的土壤进行作业，避免堵塞，保证机具通过性。根据配套动力还可选择大、小两种深松铲，适宜深松深度为 25～50 cm，极限深度达到 60 cm。深松与旋耕整地工作深度可独立调节，也可更换免耕播种、起垄等机具进行深松联合作业，减免机组多次进地次数。

③使用收益高。配备进口深松铲，具有高强度和超耐磨性，比传统部件使用寿命提高 3～4 倍，并利用保险螺栓进行过载保护。旋耕机采用大中箱或大高箱球铁箱体，配备了十模数齿轮和高端旋耕刀具。重型镇压辊与新式可调整刮泥板组合，保证了镇压质量，还起到承重机具的作用，提高了作业效率。

（2）1SZL 系列深松整地联合作业机技术参数（表 2-27）

表 2-27　1SZL 系列深松旋耕联合作业机技术参数

项目	单位	1SZL-200	1SZL-230W	1SZL-250	1SZL-270
配套动力	kW	81.0～99.3	92.0～110.3	92.0～110.3	102.9～121.3
工作幅宽	cm	200	230	250	270
深松铲结构形式		偏柱式曲面铲	偏柱式曲面铲	偏柱式曲面铲	偏柱式曲面铲

（续表）

项目		单位	1SZL-200	1SZL-230W	1SZL-250	1SZL-270
铲间距		cm	55	58	62/42	45
深松深度	小铲	cm	25～35	25～35	25～35	25～35
	中铲	cm	25～45	25～45	25～45	25～45
	大铲	cm	25～50	25～50	25～50	25～50
整地深度		cm	8～18	8～18	8～18	8～18
生产效率		hm²/h	1～1.4	1.1～1.6	1.3～1.8	1.3～1.9

第四节　粉垄机械

一、粉垄深松机的类型

与传统的拖拉机（水平）的旋耕方式不同，粉垄式深松机是通过一排、多条垂直于地面的螺旋形钻头来深旋耕均匀粉碎土壤的新机器，其耕深可达 50 cm。按机器的结构及动力传递方式，目前市面上的粉垄式深松机可分为自走式、牵引式和悬挂式 3 种（李桂东 等，2016）。

（一）自走式

自走式粉垄深松机（图 2-73）由机架总成、柴油机、液压系统、履带行走装置、驾驶室、操纵系统和装配立式螺旋钻头的工作部件总成等部分组成。其工作机理是：发动机的输出端安装有至少两组液压泵，一组液压泵的压力油通过行走液压马达来驱动履带行走装置，另一组的液压泵用于驱动立式螺旋钻头，粉垄机在履带驱动下以耕作速度行走的同时，液压马达带动立式螺旋钻头高速旋转，当高速旋转的钻头入土到达预定耕

图 2-73　自走式粉垄深松机

深后，沿着钻头全长轴向布置的一段螺旋形刀刃和多把旋耕刀在垂直于转轴的每个水平回转圆外缘上切削、撞击、捶打、挤压土壤，在不翻土、不打乱原有土层结构的情况下，把全耕层内的土壤粉碎成细小的土粒，使用粉垄机只耕一遍就能完成深耕、深松、碎土以及平整土地等一系列作业（贺根生，2015）。

自走式粉垄深松机增设有辅助支承装置，在机架体的前后两端各设有安装座，安装座上设有旋转电机，在旋转电机的旋转轴端设有液压缸，液压缸的液压杆的一端设有支撑板，在车架体上设水平测量器和控制器，控制器分别与水平测量器、旋转电机和液压缸连接。当粉垄机在坡度较大的区域进行粉垄作业的时候，水平测量器会测量当前的数据然后将数据传送到控制器，控制器根据数据信息来控制旋转电机，旋转电机的旋转轴带动液压缸转动，使液压缸的液压杆处在竖直方向，同时控制器控制液压杆伸长，使液压杆的支撑板进入土地中，这样起到支承固定住粉垄机的效果，防止粉垄机侧翻（校林，2017）。

（二）牵引式

牵引式粉垄深松机，牵引式自带的动力系统只给工作装置提供动力，而机器的行走系统需要其他动力来带动，这种款式适合客户拥有拖拉机设备或其他设备，因为其比自走式的结构简单，所以能有效降低购机成本，同时维修售后更方便。

牵引式粉垄深松机（图2-74）包括机架、行走机构、牵引机构、动力系统、连接装置和粉垄装置；行走机构、牵引机构、动力系统均安装在机架上，连接装置连接在机架与粉垄装置之间，动力系统驱动粉垄装置。作业时，以拖拉机为依托，在拖拉机后架上安装液压机构和联动旋磨钻头装置或耕作部件，旋磨钻头装置安装有一个或多个钻头轴、钻头轴上配置螺旋页、螺旋页上配置角齿，联动旋磨钻头装置设有防止秸秆缠绕的

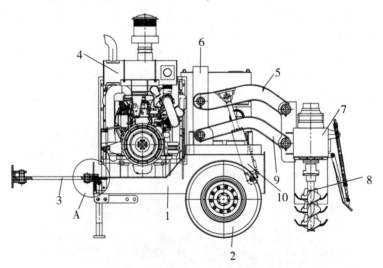

1—机架；2—行走机构；3—牵引机构；4—动力系统；5—连接装置；
6—铰接座；7—粉垄箱；8—粉垄刀具；9—下升降臂；10—升降油缸。
图2-74 牵引式粉垄深松机

装置，液压机构驱动旋磨钻头上下运动，变速箱通过连杆和齿轮带动旋磨钻头（李桂东 等，2016）。

（1）行走机构

为非动力轮，牵引机构包括牵引耳和牵引杆，在机架上设有两个牵引耳，所述的牵引杆包括主牵引杆和副牵引杆，副牵引杆设置有两个，在牵引耳上分别连接有副牵引杆，两副牵引杆向前靠近交会后与主牵引杆连接。

（2）动力系统

包括柴油机和液压系统，柴油机安装在机架上，液压系统包括液压泵和连接在液压泵上的管路控制系统。

（3）连接装置

为垂直升降的四连杆机构，包括铰接座、上升降臂、下升降臂和升降油缸，铰接座安装在机架上，上升降臂的一端铰接在铰接座上，另一端铰接在粉垄装置上，下升降臂的一端铰接在铰接座上，另一端铰接在粉垄装置上，下升降臂位于上升降臂的下方，升降油缸的缸体铰接在机架上，升降油缸的活塞杆铰接在上升降臂或下升降臂上。

（4）粉垄装置

包括粉垄箱和安装在粉垄箱上的刀具，粉垄箱包括箱体、传动轴、传动件（齿轮）和驱动机构；传动轴通过轴承安装在箱体上，传动件（齿轮）安装在传动轴上，相邻的传动件（齿轮）相互传动，驱动机构安装在箱体上，驱动机构驱动至少一个传动轴，动力系统驱动驱动机构，粉垄刀具安装在传动轴上。

（三）悬挂式

悬挂式粉垄深松机（图2-75）的结构在3种粉垄机具类型中最为简单，主要由机架、螺旋形旋转刀具、传动机构、行走轮、支撑机构、挡板等组成。其螺旋形钻头的工作装置悬挂于拖拉机后面，工作装置通过十字传动轴与拖拉机的输出轴连接，这种机械式传动方式的好处相对于前面两种方式节省了柱塞式液压泵、柱塞式马达等配件，大大降低了机器的造价（李深文，2015）。

图2-75　悬挂式粉垄深松机

二、常用的粉垄深松机

（一）1SGL-200 型自走式粉垄深耕深松机

1. 1SGL-200 型自走式粉垄深耕深松机技术特点

该机（图 2-76）采用国三标准 294 kW 玉柴发动机，四风扇设计超大功率散热装置，适应深松作业超大压力和野外恶劣工况；液压垂直升降自由控制耕作深度，可更换不同规格长度钻头，适应不同作物耕深需求；故障率更低，更易拆装，四开门式机舱，便于保养维修；支持远程 GPS 定位、锁定以及远程深松作业监控系统。

图 2-76　1SGL-200 型自走式粉垄深耕深松机

2. 1SGL-200 型自走式粉垄深耕深松机技术参数（表 2-28）

表 2-28　1SGL-200 型自走式粉垄深耕深松机技术参数

项目		单位	基本参数
型号			1SGL-200
形式			履带式
耕作深度		mm	350～800
耕作效率		hm²/h	0.40～0.66
耕作碎土率		%	90
配套动力	动力机形式		配套柴油机
	配套功率	kW	253

（续表）

项目		单位	基本参数
转场时	长	mm	≤5 300
	宽	mm	≤2 150
	高	mm	≤2 580
整机质量		kg	≤7 800
工作幅度（耕幅）		mm	2 000
最小转向半径		m	可原地回转
前进速度	作业时	km/h	0～2.5
	转场时	km/h	0～4.8
工作部件	形式		钻头式
	数量	个	9
	有效长度×直径	mm×mm	700×301
	排列方式		直线排列
	相邻钻头的距离	mm	241
	粉垄头空转转速	r/min	0～400
	粉垄头摆动角度	度	0～90
液压系统工作压力		MPa	35
粉垄头最大输出扭矩		N·m	3 200
变速箱档位数			前二、倒二
耕地形式			往复式

（二）1FSGQ-400-360型牵引式粉垄深耕深松机（垂直深旋耕）（图2-77）

图2-77 1FSGQ-400-360型牵引式粉垄深耕深松机

1. 1FSGQ-400-360 型牵引式粉垄深耕深松机技术参数（表 2-29）

表 2-29　1FSGQ-400-360 型牵引式粉垄深耕深松机技术性能参数

项目	单位	参数
耕地深度	mm	300～600（根据具体工况，特殊配置最大深度 1 000 mm）
配套柴油机型号		YCGMK400-T301（可选配东康发动机 238. 875 kW）
发动机功率	kW	295
发动机标定转速	r/min	2 000
整机重量	kg	7 000
整机尺寸长×宽×高	mm×mm×mm	4 200×2 800×2 400（2 800/3 600 粉垄箱宽度）
作业时前进速度	km/h	3～6
转弯半径	m	15
螺旋形旋削刀具转速	r/min	0～420
螺旋形旋削刀具升降高度	mm	＞500
工作幅度/耕宽	mm	2 800/3 600
纯工作小时生产率	hm²/h	≥0. 3
燃油消耗率	kg/hm²	≤60

2. 1FSGQ-400-360 型牵引式粉垄深耕深松机工作部件（表 2-30）

表 2-30　1FSGQ-400-360 型牵引式粉垄深松机工作部件技术性能参数

项目	单位	参数
形式		立式
数量	个	6/8
规格（有效长度×直径）	mm×mm	600×450
排列方式		直线排列
相邻旋切刀具的距离	mm	400
最大输出扭矩	N·m	8×400

参考文献

边纪，2014. 机械深松作业常见故障诊断及处置［J］. 新农村（12）：30-31.

陈国柱，2019. 铧式犁犁体检查与悬挂犁犁体安装［J］. 江苏农机化（6）：56.

丁俊华，曹文，李再臣，2009. 驱动圆盘犁的研究与设计［J］. 农机化研究（6）：50-53，61.

董新蕊，2014. 铧式犁领域重要专利技术分析［J］. 中国发明与专利（2）：51-57.

董学虎，韦丽娇，李明，等，2013. 甘蔗地机械深松旋耕联合作业技术效益分析［J］. 农业装备与车辆工程，51（8）：14-16.

杜国传，韦方志，杜平，2012. 甘蔗地机械深耕深松技术要点［J］. 农机科技推广，12：46.

杜长强，2018. 深松机深松铲的优化设计［J］. 廊坊师范学院学报（自然科学版），18（2）：45-48.

冯雅丽，杜健民，郝飞，等，2015. 悬挂式翻转犁的研究现状及发展趋势［J］. 农机化研究，37（1）：13-17.

耿端阳，张道林，王相友，等，2011. 新编农业机械学［M］. 北京：国防工业出版社：12.

广西壮族自治区农机化技术推广总站，2004. 甘蔗生产过程中的深耕深松机械化技术［J］. 农机具之友（4）：38-39.

贺根生，2015. 深松机械家族添新宠：广西五丰机械公司研制成功履带式粉垄深旋机［J］. 当代农机（11）：16-17.

洪立华，王丽波，王丽平，等，2010. 机械深松的作用分析［J］. 农业机械（32）：53-54.

华中农业大学，南京农业大学，1980. 农业生产机械化 农业机械分册（南方本）［M］. 2版. 北京：农业出版社：20.

黄敞，董学虎，李明，等，2014. 甘蔗地深松旋耕联合作业机的调整、使用与保养［J］. 现代农业装备（5）：60-63.

黄敞，2015. 深松旋耕联合作业机的使用与维护［J］. 农村百事通（5）：55-56.

焦清锋，2017. 东方红1LF-445/545液压翻转犁的正确使用与调整［J］. 现代农业科技（10）：157-158，161.

李德鑫，于文昌，芦磊，2017. 我国翻转犁的应用与发展研究［J］. 农业科技与装备（4）：71-72.

李桂东，李深文，2016. 自走式粉垄深耕深松机应用前景分析［J］. 广西农业机械化（6）：20-23.

李丽，2016. 悬挂犁机组的挂接与调整［J］. 现代农业装备（2）：65-66.

李深文，2015. 一种松耕粉垄机［P］. 中国，ZL201510328335.0.

李先福，2011. 圆盘犁的使用与调整［J］. 农机使用与维修（6）：76-77.

廖桂瑜，2020. 谈新型犁耕机械的技术特点［J］. 农机使用与维修（1）：98.

刘波，2006. 机械浅翻深松耕作技术的应用分析及发展前景［J］. 农机化研究（1）：63-65.

刘俊安，2018. 基于离散元方法的深松铲参数优化及松土综合效应研究［D］. 北京：中国农业大学.

刘兴爱，杨怀君，雷志高，2019. 翻转犁的使用和调整方法［J］. 新疆农垦科技，42（5）：26-28.

吕金朝，2003. 机械化土壤深松农业技术［J］. 农机具之友（6）：43.

齐博，关艳双，2016. 圆盘耙的构造特点与安全使用［J］. 农机使用与维修（11）：6.

任驰，何兴村，2011. 翻转双向犁的使用与调整方法［J］. 现代农业科技（5）：244-245.

沈瀚，秦贵，2009. 耕整地机械［M］. 北京：中国大地出版社：65-70，75-76.

唐立丰，2022. 农业深松机的使用与维护保养［J］. 农机使用与维修（5）：84-86.

王晋，2019. 铧式犁上特殊机构装置的技术特点［J］. 农机使用与维修（12）：23.

王双龙，2010. 翻转犁的调整与维护［J］. 科技风（6）：230-231.

王颖，李社潮，2011. 深松机的安装与使用调整方法［J］. 吉林农业（21）：58.

王玉梅，2015. 圆盘犁结构特点及常见故障分析［J］. 农机使用与维修（2）：6.

韦本辉，甘秀芹，刘斌，等，2012. 粉垄具"耕地水库"可破广西甘蔗单产偏低困局［J］. 广西农学报，27（3）：48-50.

韦本辉，甘秀芹，申章佑，等，2011. 粉垄栽培甘蔗试验增产效果［J］. 中国农业科学，44（21）：4544-4550.

韦丽娇，董学虎，李明，等，2013. 1SG-230 型甘蔗地深松旋耕联合作业机的设计［J］. 广东农业科学，40（13）：177-179.

肖兴宇，2009. 作业机械使用与维护［M］. 北京：中国农业大学出版社：3，5，8-9，11-14，21-23，27-30.

校林，2017. 五丰粉垄深耕深松机助推"绿色耕作"［J］. 农机质量与监督（11）：42.

谢敏，2016. 铧式犁犁体结构及性能分析［J］. 乡村科技（35）：62-63.

解震，王琳琳，巴青城，等，2018. 深松旋耕联合作业机具的设计和试验［J］. 拖拉机与农用运输车，45（3）：35-37，41.

胥开富，2012. 浅谈犁耕机组的田间作业及维护保养［J］. 中国新技术新产品（7）：240.

许万同，许连永，霍红伟，2010. 深松机深松铲的碎土方式及受力分析［J］. 中国新技术新产品（8）：11-12.

闫卫红，2000. 旱田驱动圆盘犁的理论与试验研究［D］. 北京：中国农业大学.

杨丹彤，2000. 现代农业机械与装备［M］. 广州：广东高等教育出版社：68.

杨艳丽，石磊，张兴茹，2019. 机械化深耕深松技术应用及机具类型［J］. 农机使用与维修（8）：102.

银广，彭创创，李蒙蒙，2021. 液压翻转犁的使用和调整［J］. 科学与财富（9）：25，214.

尹彦鑫，王成，孟志军，等，2018. 悬挂式深松机耕整地耕深检测方法研究

[J]. 农业机械学报，49（4）：68-74.

余泳昌，河南省农业机械管理局，2004. 新编农业机械使用读本 [M]. 郑州：河南科学技术出版社：146，148.

张晋，2017. 粉垄技术：改良土壤更增产 [J/OL]. http：//sndc. org. cn/bencandy. php？fid=3&id=139295.

赵墨林，2010. 半悬挂高速调幅液压翻转犁 [J]. 新农业（4）：55.

郑炫，贾首星，秦朝民，等，2010. 翻转双向超深耕犁的研究与设计 [J]. 农机化研究（3）：108-110，114.

中国农业机械化科学研究院，2007. 农业机械设计手册（上）[M]. 北京：中国农业科学技术出版社：11.

朱春华，2016. 深松机械的正确使用与维护 [J]. 农业机械（导购版）（6）：91.

朱继平，丁艳，彭卓敏，2010. 耕整地机械巧用速修一点通 [M]. 北京：中国农业出版社：6-10，12，47-50，67-79，100-101.

庄立春，2014. 驱动式圆盘犁常见故障分析 [J]. 农机使用与维修（12）：48.

第三章　深耕深松对土壤及甘蔗生长效应研究

土壤是作物生产的基础，其质量好坏直接影响作物产量，而耕作方式对土壤质量有重要影响。20世纪90年代，免耕、少耕等耕作技术在我国华北地区大面积推广应用，当前旋耕已经成为我国北方地区农田的主要耕作方式。但是长期的免耕和旋耕导致耕层土壤质量明显下降，近年来我国相关土壤耕作专家调查发现，我国农田普遍存在土壤耕层变浅、结构紧实、有效土壤数量少等问题，这些问题导致农田土壤水、肥、气、热供给不协调，限制作物根系生长发育，阻碍作物产量的提高（韦宝珠，2006）。

深耕是一种缓解耕层土壤紧实的技术，该技术将翻耕的工作深度增加到30 cm以上，主要作用是增加土壤耕层深度、打破犁底层，改善耕层土壤物理性状，提高农田土壤质量，促进农作物生长发育，增加作物产量。

南方红壤甘蔗区的季节性干旱主要表现为干旱的频率高，强度大；干热同步，蒸散力大；深层土壤储水稳定，干旱多出现在表土。红壤物理性质不良，土壤非饱和导水率随土壤含水量降低而急剧下降，即使当土壤含水量还较高时，土壤水势已接近萎蔫点，无法向作物提供充足的水分，作物很早就开始受到干旱胁迫。土壤持蓄水能力低、有效水库容小是南方红壤甘蔗区季节性干旱发生的重要原因，亚热带红壤丘陵区较东北黑土区和华北潮土区更易发生季节性干旱。红壤区的包气带厚度较大，浅部缺乏相对隔水层，大气降水入渗后，水分即向深部运移，是促进红壤季节性干旱的水文地质因素。因此，分析甘蔗深耕深松技术对甘蔗地土壤和甘蔗生长效应现实意义重大（钟永弟，2022）。

第一节　国外深耕深松对土壤和作物生长效应研究概况

在印度拉贾斯坦邦雨养农业区的试验表明，深耕能增加土壤水分的入渗量，平衡入渗率，提高整个耕层土壤的水分含量，深松同样能够克服心土紧实对土壤水分有效性的限制，提高土壤水分利用效率，减少地表径流。还有研究表明长期旋耕会造成耕层下部土壤紧实，甚至在耕层下部土壤中形成一个紧实的犁底层。与旋耕相比，深耕处理0～15 cm土层土壤中较高的土壤水分含量、较快的水流速度和较高的土壤黏粒含量会导致在灌溉过程中土壤坍塌现象更为严重，这是深耕处理表层土壤容重较高的主要原因之一。有人把深松看作是深耕技术的一种，该技术同样能够降低耕层土壤容重，但深松在降低土壤容重方面的效果不如深耕明显。伊朗的研究表明，深耕、深松和免耕处理在细壤土上耕层土壤的平均容重分别为 1. 26 g/cm³、1. 37 g/cm³ 和 1. 43 g/cm³。在耕层上部，深耕和深松处理间的土壤容重差异不显著，但在耕层下部深耕处理的土壤容重远低于深松处理。深松造成耕层下部土壤紧实，有研究表明深松机腿柄在耕层土壤中拖动的过程在一定程度上促进了犁底层的形成。同样，在土壤水分含量较高时进行深耕也会显著增加被碾压区域土壤的容重，并且该负面效应和土壤中黏粒含量的高低有关。也有研究认为在质地比较松软的土壤上，翻耕与免耕处理间的土壤容重差异不显著。这些不同的结论可能与各试验中的作物种类、土壤质地、气候条件及复杂的交互作用不同有关。

有报道指出降低耕作深度虽然导致土壤有机质在耕层上部土壤中积累，但是整个耕层土壤中有机质的总量不受影响。在马达加斯加的试验表明，深耕能促进土壤中有机质在整个耕层土壤中的积累。与常规耕作相比，深耕处理耕层上部的土壤有机质含量有所下降，而耕层下部土壤有机质含量显著增加。然而，深耕后耕层土壤中较充足的氧气供应会加快土壤的矿化过程。因此，深耕改善了土壤中氧化还原反应的条件，提高土壤养分含量，促进有活性的作物根系的增加，有利于作物生长发育（张军刚 等，2017）。

研究认为，在作物生长受土壤紧实限制的农田上，用不同的深耕方式对农田耕作后均能增加作物产量。因为深耕 30～40 cm 能够打破耕层下部土壤中坚硬的犁底层，促进作物根系的生长发育，增加作物根系的下扎深度和根系在耕层土壤中的密度，从而提高作物产量。在复垦的土壤上，作物产量随着耕作深度的增加而增加，以 80 cm 深的耕作处理产量最高。

第二节　国内深耕深松对土壤和甘蔗生长影响效益研究

甘蔗一般为旱坡地种植，而旱坡地土壤的剖面层次分为耕作层、犁底层和心土层等。耕作层深厚肥松程度是决定甘蔗产量高低的重要因素。甘蔗要获得高产，必须要有深、松、碎、肥的耕作层。机械深耕深松作业的耕作层为 35～45 cm，能把犁底层加深成耕作层、把"死土"变"活土"。因为犁底层受多年下压，人牛脚踏和黏粒下移沉积而成硬底层。甘蔗须根群艰难深扎通过，影响根群生长。深耕深松 1～2 次后，犁底层变为耕作层，蔗根不但可以生长，甚至可使蔗根深扎至心土层，吸收深层水分。而牛耕的耕作层，一般只有 13～17 cm，这一深度既限制了甘蔗根系的营养吸收面，雨后易板结，又使根系难以深扎，易受旱和被风吹倒，影响了甘蔗产量的提高（廖青 等，2010）。

本节主要结合课题组连续多年来在广东湛江雷州红壤黏土实施深耕（耕深 30～40 cm）、常规耕作（耕深 15～20 cm）对比试验结果以及广东蔗区、广西蔗区相关研究单位对深耕深松实施的研究结果进行总结归纳。

一、对土壤耕作层结构及理化性状的影响

（一）对土壤 pH 值的影响

土壤 pH 值能影响土壤养分的保持能力与养分供给的有效性，而土壤电导率能够反

映土壤中盐基离子的含量，是用于表征土壤质量状况的重要指标之一。通过实施深耕作业与常规（浅耕）作业对比研究，土壤 pH 值及电导率的降低效果不明显。

（二）对土壤矿质养分的影响

土壤中氮、磷、钾元素均是田间作物的重要肥力元素，研究表明实施深耕深松与常规种植相比没有影响到土壤氮、磷、钾在土层中的分布，而实施深耕作业有利于耕作底层（30～40 cm）有机碳含量的提升。

（三）对土壤容重的影响

土壤容重作为衡量土壤疏松程度的重要指标，能反映土壤的水肥气热条件及土壤结构力稳定性，研究发现深松及深耕处理比常规处理土壤容重低，且深松及深耕处理可有效降低 3 个土层土壤紧实状况。

（四）对土壤孔隙结构的影响

随着土壤深度的增加，常规与深耕深松作业方式下土壤非毛管孔隙度及总孔隙度减少，深耕及深松均有利于土层土壤总孔隙度及非毛管孔隙度的改善。

（五）对土壤持水特性的影响

土壤毛管持水量及田间持水量能反映土壤贮存水资源的能力。试验表明，深耕及深松均有利于土壤饱和持水量的提高。

（六）对土壤团聚体抗破碎及抗穿透强度的影响

土壤团聚体抗破碎强度是表征土体结构力稳定性的重要指标，能表征田间土壤为抵抗种子生长、耕作翻转破碎及根系的贯穿等作业所需要的能量，而土壤抗穿透强度是反映土壤紧实度状况的重要物理指标。通过试验表明，深松及深耕明显降低了 3 个土层土壤团聚体抗破碎和抗穿透强度。

（七）对土壤疏水性的影响

土壤的疏水性又称斥水性，是指水分难以渗润土壤颗粒表面的物理现象，而南方耕地赤红壤土壤疏水性指数较小，研究表明，耕作深度的增加及深松能降低底层土壤团聚体疏水性。

（八）对土壤酶活性的影响

土壤微生物、植物根系和动物是土壤酶的主要来源，它们通过生理代谢向土壤中分泌出酶，其死亡残体也可溶出胞内酶进入土壤。研究表明，在南方红壤黏土上，与常规耕作相比，深耕处理土壤过氧化氢酶、磷酸酶、脲酶和蔗糖酶的活性分别增加。

同样的研究，经多年广西蔗区试验测定记录：实施深耕作业的土壤密度比不实施深耕深松作业至少减少 0.3 g/cm^3；土壤有机质增加 0.3% 左右；土壤的微生物活动增强，比浅耕 15～20 cm 的土壤提高 10 倍以上，二氧化碳量也有所提高；在连续 3 个月干旱的情况下，深耕深松的土壤含水量达 12.97%，比不深松的土壤增加 1.7 个百分点（甘磊 等，2018）。

（九）对土壤紧实度的影响

土壤紧实度是反映土壤物理特性的重要指标之一，深松作业前后，土壤的紧实度会发生明显变化，紧实度下降，耕作层深度增加。其中，深松前土壤耕作层为 0～200 mm，土壤平均紧实度为 0～2 MPa，犁地层在 200～400 mm，土壤平均紧实度为 2～7 MPa，此时的土壤耕层浅，而犁地层较厚。深松作业后，土壤耕层深度明显增加，耕作层深度可以达到 0～350 mm，全耕层内的土壤结构疏松且均匀程度较好，表明深松可以有效改善土壤耕层结构，降低土壤紧实度，从而可以进一步促进作物的生长。

二、对甘蔗生长期农艺性状的影响

（一）对甘蔗出苗和分蘖的影响

对比试验表明（表 3-1），深耕深松栽培处理甘蔗的出苗率为 57.3%，比常规耕作的 39.4% 高 17.9 个百分点（绝对值，下同）；深耕深松栽培处理甘蔗分蘖率为 51.0%，比常规耕作栽培处理的 37.6% 提高 13.4 个百分点（郑桂兰，2019）。

表 3-1 深耕深松栽培与常规耕作栽培对甘蔗出苗和分蘖的影响

处理	出苗数（个/hm²）	下种芽数（个/hm²）	出苗率（%）	分蘖数（个/hm²）	分蘖率（%）
深耕深松	61 842	108 000	57.3	31 528	51.0
常规耕作	42 598	108 000	39.4	16 019	37.6

（二）对甘蔗生长的影响

通过在一年当中对比观测深耕深松栽培与常规栽培（表 3-2），6—9 月甘蔗的株高及生长速度均明显比常规栽培快，7—8 月甘蔗生长最快，8 月深耕深松区甘蔗平均增高 82.7 cm，而常规处理区甘蔗平均增高 70.1 cm，两者相差 12.6 cm（廖青 等，2011）。

表 3-2 深耕深松栽培与常规耕作栽培对甘蔗生长期生长速度的影响

处理	月份	株高（cm）	月增高（cm）
深耕深松	6	68.2±8.7	—
	7	134.3±15.2	66.1
	8	217.0±18.1	82.7
	9	254.7±16.4	37.7

（续表）

处理	月份	株高（cm）	月增高（cm）
常规耕作	6	54.8±9.3	—
	7	116.8±14.4	62.0
	8	186.9±16.5	70.1
	9	213.0±19.8	26.1

（三）对甘蔗成熟期农艺性状的影响

对比试验表明（表3-3），深耕深松处理的甘蔗株高、茎径、田间锤度、青叶数均比常规耕作处理高，而糖分相差不大。

表3-3　深耕深松栽培与常规耕作栽培对甘蔗成熟期农艺性状的影响

处理	株高（cm）	茎径（cm）	田间锤度（%）	糖分（%）	青叶数（片/株）
深耕深松	281.7±21.3	26.73±5.6	22.92±1.03	17.56±0.99	6.6±0.7
常规耕作	267.3±20.9	26.14±4.8	22.37±0.96	17.44±0.86	5.9±0.6

（四）对甘蔗根系的影响

甘蔗是须根作物，根系相当发达，入土深度可达4 m，一般为1 m左右，大部分根系在表土30～60 cm范围中甚为活跃，目前我国蔗区常规耕作，甘蔗根系一般为20～30 cm，根须少且短，限制了甘蔗根系的营养吸收（高中超 等，2018）。

由表3-4可知，深耕深松区甘蔗根系非常发达，根重比常规耕作处理重6.50 g，总根数比常规耕作处理多45条，深耕深松处理甘蔗根系在表土的分布范围在30 cm以上，而常规耕作处理甘蔗根系在表土的分布范围在30 cm以下。

表3-4　深耕深松栽培与常规耕作栽培对甘蔗根系生长的影响

处理	根重（g/株）	总根数（条/株）	≥5 cm根数	<5 cm根数	根系分布范围（cm）
深耕深松	12.61±1.37	181±26	107.3±13.2	74±8	32.0～36.0
常规耕作	6.11±0.96	136±21	83.7±11.7	52±6	20.0～30.0

其他研究结果表明，在广西扶蔗区对24 hm²甘蔗深耕深松示范地观察试验表明，深耕深松蔗地的蔗株根数达167条，根长84.8 cm，重73.2 g，而牛耕蔗地蔗株根数只有125条，根长58.5 cm，根重52 g，深耕深松比牛耕分别增加42条、26 cm和21.2 g。在广东蔗区对27个试验点甘蔗根系调查结果显示：机械深松耕每苗根数91条，比对照

的54条多37条，多68.52%；根群重27.3 g，比对照的16.6 g多10.7 g，重64.65%；根系分布宽度为32.6 cm，比对照20.6 cm宽12 cm，宽58.25%；深度为30.4 cm，比对照20.9 cm增深9.5 cm（甘冠华，2016）。

（五）对产量及糖分的影响

在单位面积上蔗茎的多少以及每条蔗茎的重量决定着产量的高低，而单茎重又取决于茎高与茎粗。所以，甘蔗的产量构成因素主要是单位面积上的有效茎数、茎高（茎长）和茎粗（茎径）。试验表明机耕产量比牛耕高，机耕亩产达5 851 kg，比牛耕多635 kg，增产率达12.1%。蔗地深耕区比常规区亩增产甘蔗30%，达1.3～1.5 t，提高糖分绝对值1.29%（谭琴，2016）。

三、经济效益分析

研究分析结果显示，蔗地深耕区比常规区土壤保水率提高了2%～3%，亩增产甘蔗30%，为1.3～1.5 t。蔗区机械深耕深度平均为35 cm，人畜力耕平均深度为17cm，机耕比人畜力耕亩增产甘蔗37%，提高糖分绝对值1.29%。而对于农户，实际能看到的收益主要包括两方面（卢国培 等，2021）。

第一，影响甘蔗作业区的机耕、牛耕投入成本。例如，相关人员从拖拉机、人畜力等作业的市场价格方面分析，机械化开沟750元/hm²，深耕深松2 250元/hm²，则甘蔗机耕区成本总共3 000元/hm²；人工整理、加深种植沟1 200元/hm²，人畜力开沟750元/hm²，牛耕耙2 700元/hm²，则牛耕区成本总共4 650元/hm²。根据以上分析可知，机耕与牛耕相比作业成本降低1 650元/hm²。

第二，影响甘蔗作业区机耕和牛耕产值。例如，根据糖厂所收购的原料甘蔗价格460元/t，机耕区甘蔗产值49 095元/hm²，牛耕区产值41 205元/hm²，机耕和牛耕比较，前者增加产值7 890元/hm²。根据以上分析，机耕区甘蔗产值49 095元/hm²，扣除32 190元/hm²的投入成本，效益为16 905元/hm²；牛耕区的甘蔗产值共41 205元/hm²，将31 440元/hm²投入成本扣除，效益为9 765元/hm²，则机耕与牛耕相比，效益增加7 140元/hm²。

参考文献

甘冠华，2016. 扶绥县甘蔗深耕深松种植技术要点分析与应用 [J]. 农技服务，33（16）：43-44.

甘磊，朱彦光，严磊，等，2018. 不同耕作方式下甘蔗地土壤热容量的变化 [J]. 西南农业学报，31（8）：1676-1681.

高中超，宋柏权，王翠玲，等，2018. 不同机械深耕的改土及促进作物生长和增产效果 [J]. 农业工程学报，34（12）：79-86.

廖青，韦广泼，刘斌，等，2010. 机械化深耕深松栽培对甘蔗生长及产量的影响

[J].广西农业科学，41（6）：542-544.

廖青，韦广泼，刘斌，等，2011.机械化深耕深松栽培对甘蔗生长及产量的影响
[C]//2011年中国崇左蔗糖业发展大会论文集：110-114.

卢国培，覃晓远，曹小琼，等，2021.蔗地土壤改良对甘蔗生长的研究初探
[J].甘蔗糖业，50（3）：16-20.

谭琴，2016.机械化深耕深松技术对甘蔗产量的影响[J].农技服务，33
（4）：172.

韦宝珠，2006.甘蔗种植深耕深松技术应用效果试验[J].广西农业科学，37
（5）：520-521.

张军刚，郭海斌，王文文，等，2017.深耕对土壤理化性质及生物性状的影响
[J].农业科技通讯（11）：184-185.

郑桂兰，2019.甘蔗种植深耕深松技术及其推广应用[J].种子科技，37
（7）：64.

钟永弟，2022.甘蔗种植深耕深松技术要点研究[J].智慧农业导刊，2（11）：
61-63.

第四章　深耕深松机具配套动力使用

实施甘蔗深耕深松作业，一般都要配套大中型拖拉机实施。为更好实施甘蔗深耕深松作业，降低拖拉机事故发生率，本章主要从拖拉机的牵引装置和液压悬挂系统以及拖拉机使用过程中安全操作及注意事项等方面展开分析。

第一节　拖拉机牵引装置和液压悬挂系统分析

一、拖拉机与农具的连接

（一）连接方式

拖拉机与农具有 3 种连接方式，见图 4-1。一是牵引式连接，拖拉机后面有牵引装置直接以一点牵引农具。二是悬挂式连接，拖拉机上的悬挂机构与农具连接，使农具直接以两点或三点悬挂在拖拉机上，利用液压或机械方式使其升降。三是半悬挂式连接，拖拉机上的悬挂装置与农具连接，利用液压只升降农具的工作部件，不能使整台农具起落。这种连接方式适合于连接宽幅或长度和重量较大的农具。

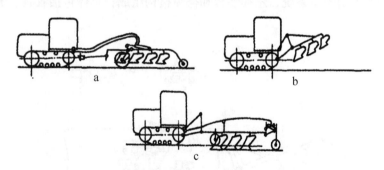

a—牵引式连接；b—悬挂式连接；c—半悬挂式连接。

图 4-1　机组连接的形式

（二）牵引装置

牵引装置用以连接牵引式农具。连接农具的铰连点称为牵引点。拖拉机上的牵引装置有牵引板式、摆杆式和利用悬挂装置改装 3 种形式。

　　牵引板固定在拖拉机后面，通过牵引卡、牵引销和农具连接，牵引卡可以在一定范围内左右摆动，以便连接农具。牵引板横向有孔，供不同位置的牵引点选用。牵引点的高度可以通过改变牵引板与托架的安装位置调节。

　　摆杆与拖拉机的铰连点多设在拖拉机驱动轮轴线之前，摆杆可以绕铰连点摆动。摆杆的后端直接与农具连接，不需另装牵引卡，见图4-2。如果用插销插入摆杆和牵引板的孔中，摆杆就不能摆动，可用于倒车。牵引板上有一排孔，可横向调节牵引点的位置，但牵引点的高度不能调节。

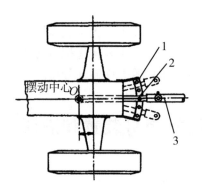

1—牵引板；2—牵引杆；3—辕杆。
图4-2　摆杆式牵引装置

　　牵引板式牵引装置结构简单，但牵引力是通过驱动轮轴线后面的牵引点，转向时，会产生一个阻止转向的力矩。牵引点距离驱动轮轴线越远，转向越困难。摆杆式牵引装置的摆动中心在驱动轮轴线的前方，故牵引农具转向比较轻便。

二、液压悬挂系统

　　液压悬挂系统由液压系统、悬挂装置和操纵机构组成，具体包括农具、上拉杆、提升臂等，见图4-3。

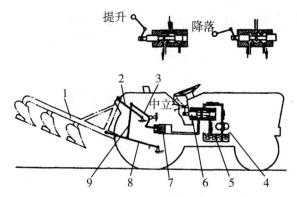

1—农具；2—上拉杆；3—提升臂；4—油泵；5—油箱；
6—主控制阀（滑阀）；7—油缸；8—下拉杆；9—提升杆。
图4-3　液压悬挂系统

(一) 液压系统的组成

液压操纵是根据液体在常压下不可压缩的原理，在充满油液的密闭管路中，在管道面积为 1 cm² 的一端加上 1 kg 的力，在管道面积为 100 cm² 的另一端就可得到 100 kg 的力。液压系统就是利用液体压力使农具升降和自动控制农具的离地高度或作业深度。它的组成包括油泵、油缸、分配器以及油管和滤清器等。

1. 油 泵

油泵的功用是输出具有一定压力和流量的油液以供液压悬挂系统使用。国产拖拉机液压系统常用齿轮泵和柱塞泵。齿轮泵是利用一对互相啮合的齿轮来完成吸油和压油的过程。齿轮油泵体积小，结构简单，重量轻，应用较广，其工作原理见图4-4。当主动齿轮带着从动齿轮一起旋转时，两齿轮在吸油腔一侧的齿脱离啮合，使吸油腔容积增大，产生真空吸力，油液被吸入吸油腔。随着齿轮的旋转，油液被带到压油腔一侧，而此时压油腔一侧两齿轮的轮齿正趋于啮合，使得压油腔容积减小，压力增大，油液被压出。柱塞泵由柱塞和油缸组成，柱塞固定在框架上，由偏心轮驱动。偏心轮旋转一周，每个柱塞吸油、压油各一次。

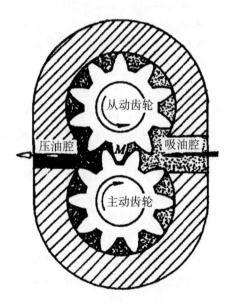

图4-4 齿轮油泵工作原理

2. 油 缸

油缸由缸筒和活塞组成，油泵输出的高压油液经分配器进入油缸，推动活塞运动，通过活塞杆使提升轴转动，带动提升臂提升农具。油缸有单作用和双作用两种，见图4-5。单作用式油缸只有一个油腔，高压油液进入时提升农具，靠农具自重将油腔内油液排出而下降。双作用式油缸有两个油腔，高压油液能从任意一腔进入推动活塞运动，一腔进油时，另一腔内的油液则被排出。因此，除可提升农具外，它还可压迫农具下降强制入土。

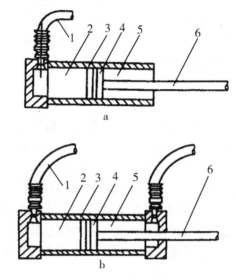

a—单作用式油缸；b—双作用式油缸。

1—油管；2—前腔；3—缸筒；4—活塞；5—后腔；6—活塞杆。

图 4-5　单作用式和双作用式油缸

3. 分配器

分配器的功用是用来控制油液的流向，决定油缸油腔内的压力。分配器由分配器壳体、控制阀和弹簧等组成。控制阀通常包括主控制阀（或称滑阀）、回油阀、单向阀和安全阀（有的安全阀安装在油泵上）等。它们的作用都是和分配器壳体上的通道相配合，以决定油液进、出油缸或将油液封闭在油缸内；油泵负荷或卸荷，使农具处在"提升""下降"或"中立"位置。安全阀的作用是控制液压系统内的最大工作压力。

根据油泵、分配器和油缸等部件在拖拉机上布置的不同，液压系统可分为分置式、整体式、半分置式3种形式。分置式液压系统的油泵、分配器、油缸分别布置在拖拉机不同部位上，以油管相连。整体式液压系统的油泵、分配器、油缸装在拖拉机的同一壳体内，组成一个整体。半分置式液压系统的分配器和油缸组成一体，称为提升器，而油泵则单独安装。

（二）悬挂装置

悬挂装置是与悬挂农具连接的杆件机构。大多数农具都悬挂在拖拉机后部。有三点悬挂和两点悬挂两种形式（图4-6）。前者应用较为广泛，后者用于大功率拖拉机的重负荷作业，如耕地作业。

悬挂装置由提升臂、提升杆、上拉杆和下拉杆等组成。提升杆的长度可以调整。有的拖拉机上提升杆下端与下拉杆连接的销孔为长槽孔，适用于宽幅农具如中耕机，它可

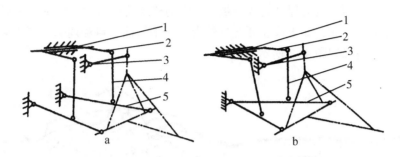

a—三点悬挂；b—两点悬挂。

1—提升轴；2—提升臂；3—上拉杆；4—提升杆；5—下拉杆。

图4-6 三点悬挂和两点悬挂

提高其对地面不平的仿形性能。上拉杆通过可调螺管将它伸长或缩短来调节农具的前后水平；在悬挂农具用于运输时，可缩短上拉杆，提高机组的通过性能。

为使悬挂农具在升起位置不致横向偏摆过大，有限位链加以限制，否则下拉杆会碰到轮胎引起损坏。有的悬挂农具如中耕机和筑埂机等要求不做横向偏摆，还可用限位板将左、右下拉杆固定，使下拉杆只能做升降运动而不能偏摆。

三、耕深调节方式

液压系统的主要任务是提升或降落农具。其基本工作过程是：提升时，扳动分配器操纵手柄使滑阀（主控制阀）前移接通油泵去油缸的通道，使高压油液进入油缸，推动活塞使活塞杆伸出推动悬挂农具的提升臂，使农具升起；当农具升到极限高度时，滑阀即自动回到"中立"位置使提升停止。下降时，操纵手柄使滑阀后移，接通油缸和油泵去油箱的通道，由于农具的重量强制活塞后移将油液从油缸中排出而降落。因滑阀未回到"中立"位置，油缸始终与油箱相通，活塞可在油缸中自由移动，农具呈浮动状态。工作情况见表4-1。

表4-1 液压系统的工作情况

工作位置	主控制阀（滑阀）与分配器体油道的配合和悬挂农具的状态	油泵状态
提升	滑阀接通油缸与油泵的通道，压力油液进入油缸，提升农具	
中立	滑阀封闭油缸与回油箱的通道，油液封闭在油缸内；接通油泵与回油箱的通道。悬挂农具保持在某一位置上，并与拖拉机连接成刚体	负荷
下降	滑阀同时接通油缸和油泵与回油箱的通道；悬挂农具靠自重下降，并呈浮动状态。利用液压系统控制耕深的方法有3种，即高度调节、位置调节和力调节。	

（一）高度调节

悬挂农具呈浮动状态，耕深的控制依赖于悬挂农具上的限深轮，其耕作深度为限深轮与工作部件底部的高度差。这种调节适用于旱田的耕地、中耕等作业，即使地面有起伏、土壤比阻不均匀，也能保持耕深一致。高度调节的缺点是农具的全部重量皆支承在农具的限深轮上。因此，如土壤软硬变化较大时，不易保证耕深均匀和所需耕深。高度调节时耕深变化情况如图4-7所示。

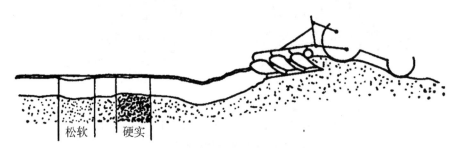

松软　　硬实

图4-7　高度调节时耕深变化情况

（二）位置调节

位置调节的特点是随着操纵手柄所处位置的不同，农具有着不同的提升高度或耕作深度。如提升时，操纵手柄放在某一位置，这时滑阀接通油泵与油缸通道，进入油缸的压力油使活塞杆伸出油缸顶动提升臂将农具升起，与提升臂联动的杆件随提升臂转动而运动，逐渐将滑阀从提升位置推回中立位置，使农具停止提升。操纵手柄提升方向移动位置愈多，则提升臂需转动愈大的角度，其联动杠杆才能将滑阀推回"中立"位置，即提升的高度较大。农具下降的多少，也根据操纵手柄向下降位置方向移动量的多少而定。使用位置调节作业时，拖拉机和悬挂农具始终成为一个刚体，当拖拉机行进在不平地面上时，耕深就要经常发生变化，如拖拉机前轮进入凹坑，农具就以拖拉机后轮为支点顺时针转动，耕深变浅；如果拖拉机前轮走向高坡，则耕深增加。位置调节时耕深变化情况见图4-8。

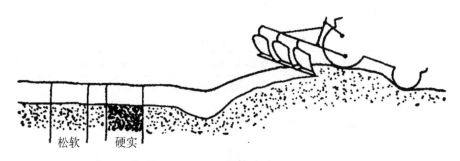

松软　　硬实

图4-8　位置调节时耕深变化情况

（三）力调节

操纵手柄放在提升位置时与高度调节相同，农具提升到顶，滑阀才回到"中立"位置；操纵手柄放在下降位置时，农具一直降落到底，如作业中牵引阻力不足以使滑阀回到"中立"位置时，农具始终呈"浮动"状态。农具的工作部件在土壤中受到阻力而使悬挂机构的上拉杆受到推力，此推力通过一系列杆件传递给滑阀，使滑阀由"下降"位置回到"中立"位置，即农具耕深固定在这一深度。如牵引阻力继续增加，可使滑阀进一步前移，接通油缸与油泵的通道，使农具提升而耕深变浅，牵引阻力变小，滑阀又回到"中立"位置。如牵引阻力减小，则滑阀后移，接通油缸与回油箱通道，使农具下降而耕深变深，牵引阻力增大，滑阀又回到"中立"位置。所以作业时，滑阀因牵引阻力变化而经常移动，但最终都回到"中立"位置。此外，在土壤阻力一定时，操纵手柄向下降方向移动越多，则可获得的耕深越大。使用力调节控制方法耕作时，悬挂农具上不需要安装限深轮，在土质较均匀的土壤上便能得到满意的耕作质量，拖拉机发动机的负荷也比较均匀（毕晓伟，2008）。力调节时耕深变化情况见图4-9。

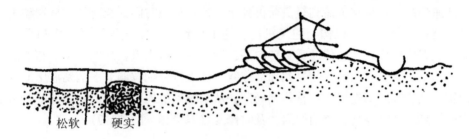

松软 硬实

图4-9 力调节时耕深变化情况

第二节 拖拉机使用过程安全操作

一、基本操作

（一）基础检查

新机、大修机磨合前准备检查整机松动件拧紧规定值；油面检查：油底壳机、变速箱、液压、中央传动和最终传动及有无漏油；标准加注燃油、冷却水和电瓶液，注润滑油脂，通散热孔；检查轮胎气压和电气线路；把四驱整机的分动箱操纵手柄放到工作档位，准备启动（苏永军，2019）。

（二）磨合项目和程序

①空转磨合，启动发动机，怠速运转4～6 min，看运转是否相对稳定，检查"游车"、三表（机油压力、水温、发动机转数），出现三异（响、味、烟）、四漏（油、水、气、电）等，应立即停车检修重启。若怠速运转正常，将转速逐渐提高到额定转速进行空运转，并再次检查，异常复查因排障再磨合。

②动力输出轴磨合，中等供油量独立运转4～6 min，然后与整机同步空运转4～6 min，再检查异常现象，磨合后把动力输出轴放在空挡位。

③液压系统磨合，启动操作分配器调节手柄，通过液压传递，使悬挂机具提升、中

立、下降几次，查看液压装置各部分灵活性（顶、卡、滞、吸空、漏、压力不足等）。然后，加负荷，挂上载荷重块（根据机型的力矩而确定加载量的多少，如 400～600 kg），在标定转速下变动分配器位调节手柄，上升、中立、浮动、下降，10 次以上。挡位由低到高，负荷由轻到重。在不加负荷和轻负荷磨合时发动机油门全开。

④整机空负荷行驶磨合，发动机转速控制在 1 800 r/min左右。观察各仪表读数，传动系的离合器"离""合"常态、主副变速器换挡灵活性和有无自动脱挡现象、差速锁"离""合"常态；制动系的制动效果；转向系的灵活性；行走系的驱动效果；以及整机的行驶常态。

⑤负荷磨合，从小到大逐渐加负荷，速度由低到高逐挡进行。观察程序为：从外到内；从低速到高速；从空负荷到轻负荷再到重负荷；从短时间到长时间；从发动机到底盘再到电器；对曲柄连杆机构、配气机构、燃油供给系、空气供给系、冷却系、润滑系、起动装置依次检查；从传动系到转向系、制动系、行走系；从发电机、蓄电池、起动马达、调节器仪表、照明、信号到局部连线。从液压分配位调节手柄到液压油缸、油泵、油箱、油管等局部连接。从整体到局部；从系统到机构；从总成到零件都要重视观察，发现故障，及时停转，查明原因，及时修复（马学银 等，2019）。

（三）磨合后工作

①清洗。清洗润滑系统，停车后，拆卸油底壳，趁热放净机油，取出机油滤网、吸盘、低压油管，用柴油或油清洗油底壳、机油滤网及机油滤清器等，加入新润滑油。打开放水开关，放净冷却水，再用清水清洗发动机的水箱、滤网、水套等。清洗燃油滤清器、油箱滤网和空气滤清器。

②检查调整。检查项目主要有：前轮前束、离合器、制动踏板的自由行程，必要时调整。检查松动件（螺栓、螺母等），拧紧到规定力矩。检查气门间隙、供油提前角、喷油嘴，必要时调整。检查电气系统工作状态，主要有发电机、蓄电池、仪表、信号等。进行润滑。首先趁热放油，然后润滑。放出各处内部机油，清理污物，向各箱内倒进适量柴油或煤油，用2挡和倒挡各行驶2～3 min，然后放净清洗油；若较脏，需清洗2次后，加注新的润滑油。放出液压油，清洗液压系统；倒进新液压油。各注油嘴加注润滑脂。

二、安全操作

（一）机　手

机手须经过安全技能培训，并考取驾照。

（二）机　具

机具在农机监理站注册、领号牌（正确挂牌）、行驶证（随机携带行驶证），并按规定年检。

（三）作业前准备

机手身体健康，衣着等不得妨碍安全驾驶，熟悉机械常识和安全法规，并检修好机具。勘察机具和作业场地周围，非作业人禁入，清障设标。

机具经国家安全机构认证合格，安全设施全、可靠；发动机运转正常、底盘的离合器、转向、制动良好；各连接件无松动、损坏；配套机具及调整完好；预备消防器材，夜间照明完好。

（四）启　动

启动时，将离合器放到"离"位置、变速器放到空挡位置。启动后空转时间少于5 min，满负荷时间少于15 min。电动机启动，每次连续启动时间少于5 s，每次间隔2～3 min，连续启动不能超过3次。

禁止不正常方式启动。如溜坡、进气管内加汽油、金属件搭火、明水烤车，缓慢加热水预热。主机启动后要低速运转3～5 min，观察各仪表读数和有无漏水、漏油、漏气、漏电，倾听有无异常声音。

（五）起　步

发动机启动需空转预热。当水温和油温达标、运转正常再起步渐增负荷。起步缓慢结合离合器，逐渐加大油门。手拖起步时，不准在松放离合器手柄的同时，分离一侧转向手柄。拖拉机和农具上除规定座位外，严禁乘人，且驾驶人和辅助人有联系信号，观察周围，非作业人员禁入（任大旺，2019）。

（六）特殊情况安全驾驶注意事项

①夜间作业，无论是田间、非田间作业，拖拉机都要有很好的照明条件。田间作业前，白天要预先看好作业区地形，对深沟、河道、坑洼、坡道等情况要心中有数。

②田间横坡作业时，拖拉机很不稳定，如不注意，容易发生事故。所以要低速行驶，尽量要向上坡方向转弯，适当调宽机车轮距，增加稳定性，地头转弯不能过急。

③过沟渠。下沟时要低速斜行，有时必须直行时也应使轮胎缓缓下沟；上沟前加速，但不要猛冲，以免损坏机件。

④过田埂。田埂高度小于20 cm时，也可用上述办法使拖拉机和田埂成一斜角通过。如田埂稍高直开不安全时，可采用倒车的方法通过。

⑤陷车时不能加大油门乱冲，一般不要倒车，否则会越陷越深，容易损坏机件。可将轮胎前后泥土挖去，停车熄火，挂低挡摇车，一面由人帮助扳动轮胎，或推拖拉机出去。陷得深时可在轮胎下垫木板、树枝、草捆等物，低速开出。禁止前后晃车。

⑥渡河要用吨位合适的船只，跳板要牢固，选在河岸平缓处上船、下船。渡船的绳索要在河岸上拴牢。上船、下船时拖拉机要熄火，挂上挡、最好用摇车的办法上船、下船。雨天要采取防滑措施。如果万一出现翻车等危险时，驾驶员要镇静，及时采取紧急措施（李桂香，2018）。

三、注意事项

(一) 合理配备驾驶员

机械化耕整地作业通常由 2~3 名人员配合完成，其中驾驶员应具备足够的耕整地作业经验，且经过专门的技术培训并获得农机驾驶资格，驾驶员应对耕整地机具的结构、工作原理以及关键作业参数具有详细了解，并具备一定解决故障问题的能力。

(二) 注意驾驶规范性

①驾驶员在驾驶机具进行耕整地作业时，尤其是驾驶大型机具时应特别注意远离田间其他人员，而且在作业过程中应禁止利用耕整地机具载人，以免造成人身安全事故。

②翻耕土壤的作业中，应密切观察机具的作业状态，发现机具出现负载的明显变化应及时停车检查，查看是否存在零件损坏或传动系统失效，必须在排除故障后方可继续工作。

③耕整地作业中应尽可能避免无故停车，以免造成土壤翻耕不均匀的问题。同时，在作业中需要转弯和掉头时，必须将机具升起离开耕地表面，再进行相关操作，以免造成机具损坏。

④在进行地面运输时，应尽量保证拖拉机在合理的范围内匀速行驶，并将重要的工作部件合理加固，以免因颠簸造成机具损坏，同时还应密切注意路上行人，对行人予以必要的避让。

(三) 注意保养规范性

规范保养是耕整地机具可靠作业的有效保证，更有利于延长机具的使用寿命，对于耕整地机具的保养应做到在每天的作业完成后，及时清理机具上的泥土和杂物。对重要的传动部件添加润滑剂润滑，检查安全防护结构是否齐全，安全防护的固定螺栓是否可靠紧固，查看松土部件如犁、铲、刀片等有无破损缺失，发现缺失应及时补充。对于作业后即将闲置的耕整地机具，应对其进行彻底的清理，并在裸露的金属表面进行防锈处理，将机具进行可靠遮盖，以免落灰和锈蚀的产生。

四、保养和维护

农用拖拉机使用过程中，由于自然磨损及润滑等油料消耗，零部件工作能力会逐渐降低，整机工作状态会下降，输出功率及操纵等都受到影响，偏小于正常工作状态。因此，必须严格按照说明书保养规程进行保养处理，以使拖拉机恢复到最佳工作状态。一般从以下几方面注意 (于良，2014)。

(一) 试运转磨合期

新购置、大修后或更换重要配合零件的拖拉机，在作业使用前必须进行磨合。同时，检查、调试拖拉机性能，称之为磨合期。磨合期需观察发动机空转磨合、液压方向操纵磨合、田间作业磨合等情况。

（二）工作期间技术保养

主要分为班次保养、定期（定时）保养与专项保养。班次保养即日常保养，在作业期间每天或每个工作台班作业前或作业后必须进行技术保养，包括检查紧固，调整、更换连接部件，各类油料使用情况，电气系统线路情况等。定期（定时）保养指拖拉机在工作一定时间后进行的周期性保养，一般按照使用说明书进行更换零部件及油料，清洗相关零部件。专项保养指针对拖拉机的某些工作部分或某些特殊季节进行保养。

（三）拖拉机轮胎的保养方法

（1）正确调整轮胎的气压

气压低造成胎体变形大，使帘布层容易折断、剥离分层；气压高，特别是在夏季高温下，往往容易造成轮胎爆破。经常用气压表检查轮胎气压，误差应小于 0.02 MPa，一般农用轮胎气压值为（0.20～0.25 MPa）。根据气温不同，充气时应留出适当热胀冷缩备量。经常检查气门芯是否跑气，胎面有无铁钉和尖石等。

（2）保证合理的负荷

轮胎超负荷工作会加快损坏，特别是拖车轮胎。轮胎的正常负荷最好以最大负荷的80%～90%为宜，绝对禁止超负荷。

（3）前轮的正确定位

引起拖拉机前轮定位变化的原因，主要是安装调整不当，某些零件磨损变化所致。定位破坏后，不但影响行走和转向，而且造成轮胎偏磨和早期报废。要使前轮正确定位，应做到：①经常按规定进行检查和调整；②转向关节磨损后应及时修复或更换；③定期检查车轮螺母和螺栓是否拧紧，轴承是否松动等；④前梁和半轴变形后，应及时纠正。

（4）操作注意事项

拖拉机驾驶中，在严格遵守交通法律法规和操作规程基础上，尽量做到以下几个方面，以延长轮胎的使用寿命：起步、停车平稳，少用急刹车，坚持中速行驶，注意选择路面，不要在不平路面上高速行驶。尽量避免轮胎不正常变形、冲击等带来的磨损和损坏。同时，左右轮胎应气压一致，新旧一致，以免偏磨。如磨损不均匀，可将左右轮胎对调使用。换新轮胎时，同一轴上应成对更换。

（5）轮胎的保管

经常清除轮胎上的脏物，轮胎上尽量不要沾上油污、酸或碱等腐蚀物质。最好停放在干燥的车库内，尽量避免轮胎风吹、日晒、雨淋。农闲停放时应把轮胎支起，以免造成轮胎局部变形。轮胎保存时间不宜过长（如 2 年以上），否则会缩短寿命（汪泽，2019）。

（四）拖拉机蓄电池的使用和保养

拖拉机蓄电池的正常使用寿命为 2～3 年，正常的使用和保养很关键（李帅用，

2011）。

（1）拖拉机蓄电池的自我简易检测

拖拉机蓄电池的标称电压一般为 12 V，实际电压要高一些。在发动机没有启动的情况下，用万用表测量正负极之间的电压应该为 12.5～13.0 V。如果测量的电压低于 12 V，就说明这个蓄电池电量不足了，此时启动发动机就会比较吃力，蓄电池需要充电了。如果测量的电压低于 11.5 V，说明蓄电池的电量基本完全用尽，此时的蓄电池就不足以启动拖拉机了，这样的蓄电池即使再次充电也很难达到规定的标准，应该进行更换。

（2）蓄电池的日常保养

本书略。

（3）外观检查

①检查通气导管是否畅通，清除通气导管内的污染物；②检查加液盖上的小空气孔是否畅通，若堵塞，则应将其拧下用细钢丝捅通；③检查顶盖与壳体之间密封是否良好，清除表面的污物；④检查蓄电池外壳表面有无电解液溢出，如果有应该及时清理脏物，使其保持洁净。

（4）电解液的检查

①检查电解液液位，将蓄电池保持水平，观察液位是否在上下标记线之间，若液位低于下标记线，则应补充蒸馏水；②定期检查电解液密度，当季节转换时应调整密度，当放电程度超过规定时要及时充电；③防止电解液结冰，电解液结冰会使铅酸蓄电池严重损伤。在电解液相对密度的常用范围内，电解液的冰点随着相对密度的增大而降低，因此在寒冷地区的冬季，为防止电解液结冰，应适当加大电解液相对密度并注意使铅酸蓄电池经常保持充足电的状态。

（5）其他事项

蓄电池拆卸后重新安装时，应先接正极，后接负极，这样操作能防止短路。因为正极接线柱容易被腐蚀（工作时易蒸发氢气），所以应涂抹一层油脂，防止其腐蚀。在使用过程中应进行以下检查：①检查蓄电池安装得是否牢固，若有松动，则应将其安装牢固；②检查导线接头是否接触良好，与正、负接线柱相连接的导线接头是否被腐蚀。若导线接头被腐蚀或生锈，则可将其卸下后用刷子清洗。拆卸时，应先从负极开始，最后拆卸正极（任彦峰，2019）。

五、拖拉机易被忽视部件的使用与保养

（一）排气管

一般机手对柴油机排气管的使用与保养不重视，对排气管长期不保养，管内积碳严重，造成排气困难，进气不足，严重影响发动机的动力性与经济性，甚至发生启动困难等故障。因此，必须重视排气管的使用与保养（田占彬，2019）。

①不准随意改装排气管。不少手扶拖拉机驾驶员，自己动手制作排气管。有的把排气管芯子透气眼钻得较小，造成排气不净，进气不足，马力下降，油耗上升；有的排气

管又长又细（据试验，若管径缩小 1 cm，功率下降 0.75 kW）；有的把排气管出口处焊成直角弯头，这些均使排气阻力增加，严重影响了发动机马力正常发挥。另外，自制排气管不按技术要求，粗制滥造，排气噪声大，严重污染环境。因此，不应自制排气管。

②正确安装排气管，可以减小排气噪声，对延长拖拉机使用寿命也有着十分重要的意义。但不少驾驶员却忽视了这一点。排气管口应向上向前，但有的排气管口却朝下安装，甚至将管口朝后安装，这样汽缸里排出的废气直接冲向地面，回声增加，噪声显著上升，若在场院带脱粒机进行脱粒等作业，还易引起火灾，有些管口正对轮胎，排出的高温废气直接喷向轮胎，将大大缩短轮胎使用寿命。

③及时更换损坏的排气管垫子。若发现排气管垫子损坏，应及时更换，否则噪声增大，污染环境。

④不得带病作业。有些机车进行田间或路上运输作业时，排气管浓烟滚滚，不仅油耗上升，马力下降，而且排出的浓烟遮挡驾驶员的视线，易发生交通事故，又污染环境。因此，当发现排气严重冒烟时，必须查找原因，排除故障后才能进行作业。

⑤不得用火烧办法来清除积碳，否则易损坏排气管。若发现排气管内积碳较多，可将排气管拆下，浸在清洗液里，待积碳脱落后倒出。

⑥不得硬砸硬打排气管来驱除管内积碳，否则也易损坏排气管。可适当轻轻敲击与摇晃倒出积碳。如果发现排气管通道变小，可用锥子仔细疏通排气通道。

⑦若发现排气管破裂，应及时更换，以免噪声增加。

（二）散热器

散热器俗称水箱，由上、下水室和散热器芯组成，用来冷却从发动机中流出的已吸收热量的水，通过散热器冷却降温 10～15 ℃。如果不重视对散热器的维护和清理，散热器表面被污物、泥土所覆盖，就会影响散热功能，造成水温过高。如果散热器芯管内被水垢所堵塞，也会影响它的散热功能。所以使用时要注意清理。

当散热器外表面被机油沾污，被尘土、杂草覆盖时，要及时清洗。方法是：先用钢丝刷顺散热片方向轻轻刷去外端的油污，并使散热器在地面上轻轻振动几次，可使部分油污掉下来。再用压缩空气（压力 250～300 kPa）向散热芯吹几分钟，基本上能将全部污物除掉。如仍有少量油污，可再使用金属清洗剂进行刷洗。

由于散热器经常添加硬水或是不干净的水，机手也不注意定期清洗水垢，致使散热管的管口被污物堵住，甚至其内部被泥沙、水垢及防冻液沉淀物等堵塞。导致冷却水通过时遇到的阻力增大，循环水量减少，因而影响散热效果，易使发动机过热，造成水箱"开锅"。可用 750 g 烧碱、150 g 煤油和适量的水，配制成洗涤剂，放掉冷却系统的水之后，将清洗剂加入散热器，让发动机工作几小时后放出，再用清水冲洗干净，水垢大部分被清除（田占彬，2019）。

（三）三角皮带

三角皮带在拖拉机上用于传递动力，带动水泵、风扇、电动机以及动力输出等。使用维护不当，会发生皮带打滑、断裂等故障。使用维护时要注意以下事项（李臣，

2021）。

①多条皮带在同一个传动回路中，如果有一条皮带损坏不能使用时，其余几条皮带也应一起更换。不要新旧皮带同时使用，新换上的皮带型号、长度应相同，皮带上若有公差符号，则公差符号也要一致。必要时，长度相同的旧皮带可以互相配用。

②三角皮带以两侧面工作，如皮带底面与皮带轮槽的底面发生摩擦，则应更换已磨损的皮带或已损坏的皮带轮。经常检查和清理皮带轮槽中的杂物，以减少皮带的磨损和防止锈蚀皮带轮。

③拆装三角皮带时，应该将张紧轮松开，改变动力机在滑轨上的位置或将变速皮带轮的动盘推开，不得将皮带从皮带轮轮缘处用铁棍撬上或扒下。必要时，可以转动皮带轮将皮带盘上去，但不要太勉强，以免破坏皮带内部结构。如果新皮带难以挂到皮带轮上，可拆下一个皮带轮，套上皮带后再把皮带轮装回原处。

④要经常检查皮带的张紧度。如皮带过松，则易打滑、磨损、烧坏以致断裂，使工作部件失去效能；皮带过紧，则易发热、伸长或拉断，还会使轴承过度磨损，使轴弯曲甚至折断，使冲压皮带轮张开或损坏等。皮带的张紧力应适当，一般用拇指按压（压力为 392 kPa 左右）皮带中部，应感到有弹性，有一定的压下量（一般为皮带轮中心距的 1%～2%），或按说明书进行调整。在工作中可按"宁松勿紧，不打滑"的经验来检查和判断皮带的张紧度。新皮带在开始使用的两天易伸长，应经常注意检查调整。

⑤三角皮带和皮带轮槽要保持清洁。要防止三角皮带被油、泥污染，要经常剔除皮带轮槽中的脏物。配用三角皮带时，皮带的型号必须与带轮槽型号规格相符合，以确保功率传递及皮带的有效使用寿命。用下述方法可判断出带轮与皮带是否匹配。首先，用柴油或煤油将带轮的一段沟槽清洗干净，用游标卡尺量取该段沟槽带轮外径上的轴向尺寸，在零件手册中查出相对应的三角皮带型号，即为该三角皮带轮所配的皮带。

参考文献

毕晓伟，2008. 农业生产机械化［M］. 赤峰：内蒙古科学技术出版社：35-39.

李臣，2021. 春耕农机具的维护与保养［J］. 农业工程技术，41（11）：65-66.

李桂香，2018. 拖拉机安全驾驶操作要领［J］. 农机使用与维护（7）：37.

李帅用，2011. 浅谈拖拉机上蓄电池的维护和保养［J］. 城市建设（下旬）（6）：114-115.

马学银，袁苏，2019. 大马力拖拉机的使用、保养及故障排除［J］. 南方农机，50（18）：51.

任大旺，2019. 谈轮式拖拉机的安全驾驶［J］. 农机使用与维护（3）：54.

任彦峰，2019. 拖拉机蓄电池的使用和保养［J］. 河北农机（11）：78.

苏永军，2019. 农用拖拉机操作技术与使用保养建议［J］. 农机使用与维护（6）：

11-13.

田占彬，2019. 拖拉机易被忽视部件的使用与保养 [J]. 农机使用与维护（12）：68.

汪泽，2019. 拖拉机轮胎的保养方法 [J]. 农业装备技术，45（5）：15.

于良，2014. 如何正确维护和保养拖拉机 [J]. 北京农业（33）：239.

第五章 "互联网+"深松整地技术应用发展

第一节 概　述

农业信息化是现代农业的重要标志，是现代农业发展的重大技术支撑，是农业信息获取、传输、存储、处理、反馈与控制的综合体现。农业机械是现代农业实施规模化生产的主要工具，以卫星导航定位技术为主导的农机装备自动化、信息化、智能化是未来农机装备发展的重要趋势。信息化技术在农机上的应用实现了全程机械化作业的在线化、数据化，对加速改造提升和优化传统农业产业，促进培育信息化、智能化新兴农业产业和现代农业装备产业发展具有重大意义（王锋 等，2022）。

信息化技术在农机深松作业监管方面开展的广泛应用已经取得了很好的效果，由于农机深松整地具有改善耕地质量，增强土壤蓄水保墒、抗旱和农作物稳产增产的优势，国家通过作业补助在全国适宜地区大力推广深松技术，根据农业部发布的《全国农机深松整地作业实施规划（2016—2020 年）》，力争到 2020 年，全国适宜的耕地深松一遍，然后进入深松适宜周期的良性循环。但是，对于基层农机管理部门来说，传统农机深松作业验收以人工测量计算为主，工作量大，成本高，监测效率低，覆盖面小，容易发生统计错误，对落实作业补助的廉政风险造成挑战。针对深松作业验收环节中出现的问题，农业农村部积极推进农机化信息化融合，从 2015 年开始在农机深松作业过程中采用信息化监管技术手段重点解决相关问题：①是否进行了深松作业；②深松作业面积是多少；③深松作业深度是否达标；④深松作业轮作实施与检测是否有理有据；⑤深松补贴申请—审批—发放是否全程信息化管理，且有据可查、可追溯（赵青，2022）。

通过近几年的实践应用，实现了农机深松整地作业面积、作业质量的远程实时监测，降低了人工核查成本，有效预防了人工监测漏洞，防范了套补违法行为，提高监管工作效率。信息化监管技术在全国农机深松作业监管过程中逐渐得到认可和普及，农机深松作业监管领域从产品标准制定、市场准入等方面正在逐渐规范。2018 年度全国深松作业面积达到 0.13 亿 hm^2，信息化远程监测的作业面积占实际补助面积的 95% 以上，黑龙江、内蒙古、河北、安徽、山东、吉林、辽宁、新疆、湖北、宁夏等地的信息化监测率均达到 100%（于海洋，2019）。

"互联网+"代表着一种新的经济形态，它指的是依托互联网信息技术实现互联网与传统产业的联合，以优化生产要素、更新业务体系、重构商业模式等途径来完成经济转型和升级。"互联网+"计划的目的在于充分发挥互联网的优势，将互联网与传统产业深入融合，以产业升级提升经济生产力，最后实现社会财富的增加（于海洋，2019）。主要特征如下。

一是跨界融合。"+"就是跨界，就是变革，就是开放，就是重塑融合。敢于跨界了，创新的基础就更坚实；融合协同了，群体智能才会实现，从研发到产业化的路径才会更垂直。融合本身也指代身份的融合，客户消费转化为投资，伙伴参与创新，等等，不一而足。

二是创新驱动。中国粗放的资源驱动型增长方式早就难以为继，必须转变到创新驱动发展这条正确的道路上来。这正是互联网的特质，用所谓的互联网思维来求变、自我革命，也更能发挥创新的力量。

三是重塑结构。信息革命、全球化、互联网业已打破了原有的社会结构、经济结构、地缘结构、文化结构。权力、议事规则、话语权不断在发生变化。互联网+社会治理、虚拟社会治理会有很大的不同。

四是尊重人性。人性的光辉是推动科技进步、经济增长、社会进步、文化繁荣的最根本的力量，互联网的力量之强大最根本地也来源于对人性的最大限度的尊重、对人的体验的敬畏、对人的创造性发挥的重视。

五是开放生态。关于"互联网+"，生态是非常重要的特征，而生态的本身就是开放的。推进"互联网+"，其中一个重要的方向就是要把过去制约创新的环节化解掉，把孤岛式创新连接起来，让研发由人性决定的市场驱动，让创业者有机会实现价值。

六是连接一切。连接是有层次的，可连接性是有差异的，连接的价值是相差很大的，但是连接一切是"互联网+"的目标。

第二节　农机深松作业远程监测系统

农机深松作业远程监测系统采用卫星定位、无线通信技术和深松机具状态监测传感技术，实现对农机深松作业过程、面积、深度等参数实时准确监测，支持深松作业数据统计分析、图形化显示、作业机具管理、作业视频监控与合作社管理等功能。

一、系统总体架构

深松作业远程监测系统总体架构见图5-1，主要由监控终端、传感器、摄像头、定位天线及监测平台等构成。监控终端内部的信号采集控制处理器获取作业传感器的作业信息、定位模块的位置信息以及摄像头的图片信息，经由通用分组无线业务（GPRS）远程通信模块传输至远程中心服务器。远程监测平台通过提取服务器端数据，获取与移动智能终端相匹配的农机作业相关信息。

图 5-1　深松作业远程监测系统总体架构

（一）深松作业信息检测装置

深松作业机具姿态检测传感器见图 5-2，安装在拖拉机后三点悬挂的下拉杆上，通过测定下拉杆的姿态确定机具入土深度信息，通过相应的数据算法得到机具与拖拉机的相对位置变化，进而获得实时作业深度，并实时传输给车载监控终端（李静 等，2008）。

图 5-2　深松作业机具姿态检测传感器

深松作业机具姿态检测传感器采用基于 3D MEMS 的高精度双轴倾角传感器芯片，性能达到测量仪表的级别，芯片使用的传感元件在测量时需要与测量平台保持平行。该芯片配有低温度依赖性、高分辨率、低噪声以及可长期保持高稳定性的传感元件。芯片采用单晶硅材料制成，能承受超过 20 kg 的冲击力；传感器元件的结构设计采用了机械阻尼原理，有效地减轻了振动对其造成的影响（孙汝建，2006）。

(二) 车载监控终端

车载监控终端 (图 5-3) 是深松作业在线检测装置的信息获取和控制部件。终端放置于拖拉机驾驶室内的合适位置，以便驾驶员能够实时监测作业信息，对机具状态进行及时的调整。该终端主要由控制处理模块、车载显示模块、精确定位模块和 GPRS 远程数据传输模块四大部分组成。通过读取 GPS/BD2 定位信息实现车辆作业的实时定位；并通过 GPRS 网络与远程服务中心通信，将作业信息及时上传至监测平台，完成作业的远程在线监测；终端内置了 8 Gb 的 SD 储存单元，可以存储多达 3 个作业季的作业轨迹数据，具有断网存储和连网补传功能，以防数据缺失；终端内置报警器，当深松作业质量不合格时，报警器报警提示驾驶员，防止作业质量不达标。

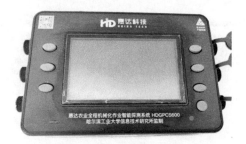

图 5-3　车载监控终端

(三) 定位模块

定位模块 (图 5-4) 可为监测系统提供稳定可靠的空间位置信息，实时显示深松作业精确位置，为后续深松作业面积测算以及农机调度提供位置支撑。定位模块采用和芯星通低功耗 GNSS SoC 芯片，支持北斗/GPS 双系统模式。该模块采用 GNSS 多系统融合及卡尔曼滤波等优化算法，在复杂环境下能保持较好的捕获跟踪能力和可靠的连续定位结果。同时该模块具备高灵敏度，能够在弱信号条件下提供精确的捕获、跟踪信息，保证接收机定位的连续性和可靠性。精确定位模块的定位精度为 2.5 m，冷启动状况下

图 5-4　定位模块

的首次定位时间为 32 s，热启动状况下为 1 s，完全满足在线监测的需要。

（四）GPRS 远程数据传输模块

GPRS 模块见图 5-5，为了实现作业数据的远程监管，需要将深松机当前作业数据通过 GPRS 远程数据传输模块实时上传至远程监测平台。为了保证数据传输的稳定性和可靠性，远程数据传输模块采用 WG-8010 GPRS-DTU，通过串口连接将数据经无线网络传送到远程监测平台，并可接收平台服务器的反馈命令。该模块支持固定 IP 或动态域名解析，并支持 GPRS、GSM 及 APN 多种传输方式，抗干扰能力强，适用于恶劣的电磁环境，耐低温和高温，满足大田作业需求。

图 5-5　GPRS 模块

（五）摄像头

摄像头见图 5-6，主要用于抓拍机具作业的现场图片，并将其经终端发送到远程监测平台，实现作业现场的图像化监控。监测摄像头为 30 万像素，图像自动采集上传间隔时间小于 5 min，最大监测距离 15 m，图像传输频率为 0.01 Hz。

图 5-6　监测摄像头

二、农机作业远程监测平台

Web 端农机作业远程监测平台网站通过提取服务器端数据，获取与移动智能终端匹配的农机相关信息。通过层级设置对用户进行管理，根据使用区域实际情况，可将账户分为省级、市级、区县级、乡镇级及合作社 5 级账户。

系统主界面基于谷歌地图进行车辆信息动态监控，实时显示农机作业地理位置与状态信息。点击农机可查看与当前农机相匹配的信息。系统功能包括农机作业监测、数据统计与分析、质量分析、面积管理、作业审核及地块档案管理等。

(一) 农机作业监测

面向农机管理机构、合作社及机手，实时获取农机具在作业中的行进速度、作业质量参数和行进轨迹等，准确掌握农机作业区域的位置、作业参数以及面积等信息，以动态、实时和直观的方式监测农机作业状态和作业质量变化。作业监测界面见图5-7。

图 5-7　作业监测界面

(二) 作业统计与分析

面向农机管理部门及农机服务组织，基于农机作业质量监测数据和预警信息，从多个角度对农机作业监测数据、报警信息等作业过程中产生的数据进行统计与分析，从不同角度反映农机实际作业状况，分析结果以图表的形式进行展示，并提供综合查询功能，为农机管理宏观决策提供基础数据支持。数据统计与分析界面见图5-8。

图 5-8　数据统计与分析界面

（三）质量分析

面向农机管理部门和农机服务组织，基于农机作业实时监测的作业数据、定位信息以及预警信息，计算作业合格率和不合格率，对作业质量进行分析评测，将评价结果分为若干等级，针对不同等级，采取对应的措施以加强管理和监督；通过综合评价掌握辖区内作业质量的变化趋势，为管理者工作计划的制定和政策的调整提供依据。农机作业分析主要包括各地区作业质量评价、各服务组织作业质量评价以及农机重复作业评价。质量分析界面见图5-9。

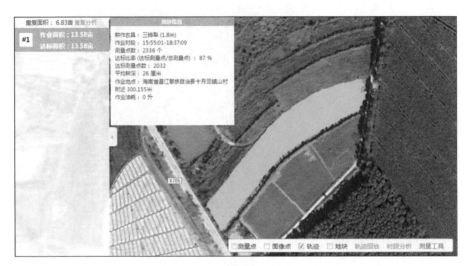

图5-9　质量分析界面

（四）面积管理

采用GIS内设函数和实际作业线性算法两种方式测量地块作业面积，两种算法互相校正，以确保面积生成的准确性。自动识别实际作业面积的起始点和终止点，计算有效作业面积，最终将各地块计算的有效面积相加，作为该车辆的最终作业面积。

（五）地块信息管理

采用农机土地作业记录信息化管理模式，数据保存期限不少于10年。具有地块识别功能，可自动识别编号，直观查询多年轮作情况，避免重复作业；实现单车自身重复作业、多车重复作业及轮作重复作业等作业重漏的监测识别，杜绝作弊行为发生。可依据多年地块的信息数据，对区域种植模式、种植面积及产量等开展大数据分析研究。

三、深松作业远程监测控制系统的功能

农机深松作业远程监测控制系统将物联网、大数据成功运用于农机设备监测，是农机"互联网+"模式的一次尝试，实现深松机械作业状态和作业面积准确监测，有三大明显优势。

（一）提高管理工作成效

一是提高了工作效率。以前，农机深松整地作业质量和面积都需要人工现场核算，一个人每天只能检查约 2 hm^2，需耗费人工成本 60 元/hm^2。开展"互联网+"农机深松整地作业技术，每县只需 1 名工作人员坐在办公室电脑前就可以清楚地看到农机深松作业位置、状态、深度以及面积等信息，大大节省了劳力，减轻了劳动强度，提高了深松作业质量和面积统计精度，节约成本约 40%（陈兴和 等，2018）。

二是控制了管理风险，能够有效地避免主客观因素的干扰，随时能发现异常情况，及时准确地实行点对点的检查和纠正，防止虚报作业面积、降低作业标准、套取补助资金等现象发生，堵塞谎报、虚报等漏洞，确保补助资金安全。

（二）全程监测提高作业质量

"互联网+"农机深松整地作业技术的核心是平台+终端，终端设备进行 GPS/北斗定位、耕深检测、高清视频、机具识别，平台进行多功能计算等应用，实现"平台共享、终端多选、监控多界面"的技术路径。

（三）强化监测管理平台

一是操作方便，能够及时看到各地的作业情况，统计作业面积、有效面积等数据。

二是监测统计精准，对于数据上传拥有较强的缓存功能，避免机手因信号不稳定丢失作业数据。对于作业质量有较强的监测统计功能，随时看到监测画面，并有效统计作业数据，便于检查管理。

三是记录精准，对于三年内作业过的地块能够及时提醒警示，并与未作业的地块区分开。

四是交流便利，能够及时解决机手和管理部门反映的问题，并能够智能发送有效作业信息，提醒机手不要重复作业、超额作业等，提高作业效率（李阳 等，2019）。

第三节 深松监控终端安装使用说明

一、安装前准备

①对照装箱清单检查盒内设备是否齐全。

②所有线缆均需要套波纹管。

③确定大致安装位置：设备可以正常工作，不影响拖拉机正常作业。

④确定大致走线位置：不影响拖拉机正常作业，牢固结实。

⑤推荐安装顺序：深度传感器→机具识别传感器→摄像头→GPS 天线→显示屏→主机→GPRS 天线。

二、终端主机安装

（1）电源的选择

方式一：选择钥匙门上 ACC 的那根线，即钥匙拧一档有电的那根线，红色线连接到 ACC 上，黑色线接搭铁。

方式二：找到机器的保险，使用附带的保险接头直接连接到保险上，黑色线还是接到搭铁。

方式三：如果遇到连接保险不方便，可直接将红线连接到机器本身的保险插头上，见图 5-10、图 5-11，用铜线缠绕保险的切片时选取其中的一片进行缠绕，不要同时连接两片，切记要保证连接牢固。

图 5-10　终端主机电源接头

图 5-11　机体保险

（2）主机的摆放位置

放置仪表台上方使用支架固定住，角度位置调整好，使其方便机手观看。详见图 5-12。

（3）天线的安装与摆放

终端左侧有两个接口，分别是 GPS 和 GPRS。连接时候需要注意几点。首先，天线与主机盒连接处一定要固定紧，防止退扣。其次，GPS 天线小方块固定一定要将其放平、向上且上方无明显遮挡，如有驾驶室的车辆，GPS 必须放到室外。详见图 5-13。

图 5-12　主机摆放位置

图 5-13　天线安装、摆放

（4）注意事项

主机电源线由红、黑、黄 3 根线构成，只连接红线正极和黑线负极，黄线不用接，连接好之后，要使用防水胶布将所有裸露出来的铜线缠好，做好防护。

三、摄像头安装

（1）摄像头位置的选择

首先，保证采集到的犁具画面的完整性。其次，要注意摄像头的方向，带有标签的一侧是上，反之为下。详见图 5-14。

图 5-14　摄像头安装位置

（2）摄像头及摄像头连接线的固定

摄像头都是将其固定螺丝固定好，且调整好角度即可。摄像头线一般找就近线固定，避开联动件。

（3）注意事项

普通摄像头安装自动钉时，不要用电钻快速带入，以免快速带入时会伤到看不到的电线。

四、深度传感器的安装

（1）位置的选择

深度传感器固定在拖拉机的下拉杆上，从深度传感器出来的线的方向要指向车头，方向不能按反。注意在下拉杆升降过程中是否会顶到油缸，如不会产生此类问题，则位置确定。详见图5-15。

图5-15　深度传感器安装位置及走线

（2）深度传感器固定

将深度传感器用拉铆钉固定在深度传感器支架上，采用两个喉箍固定到大臂上，固定死之后用铅封锁死。

（3）注意事项

要注意深度传感器的线的预留情况。不可过多或过少，因为作业过程中下拉杆的位置是在变化的。

五、机具识别模块安装

（1）位置的选择

机具识别模块安装在犁具上的横梁，位置要放在尽可能高的地方，减少作业过程中外界杂物对设备的磨损。详见图5-16。

图 5-16 机具识别模块安装位置及走线

（2）机具识别模块线的固定

机具识别模块线的长度要保证在干活的时候够用，不要太长，也不要太短。

（3）机具识别模块走线

沿着拖拉机与农具连接的拉杆走，保证车辆作业向下放犁具时线够长。

六、故障代码

E01：深度传感器故障（选择安装位置不对导致抬大臂时将深度传感器碰坏，出现 E01，一般不会出现）。

E02：机具识别模块故障。如果在测试阶段出现可重新对主机进行校正。在工作期间出现主要检查识别模块连接线是否有损坏。

E03：GPS 无信号。检查接口是否连接正确。在测试时将 GPS 模块放置在无遮挡位置并正面朝上。切忌在测试时 GPS 模块随意放置。

E04：TF 卡故障。

E05：摄像头故障。检查接头是否连接正确。

E06：GPRS 故障。可重启主机。

七、终端显示状态说明（图 5-17、图 5-18）

图 5-17 设备启动过程中呈现的效果   **图 5-18 记录写入设备初始位置状态**

八、附录及 FAQ

终端整体连接示意见图 5-19。

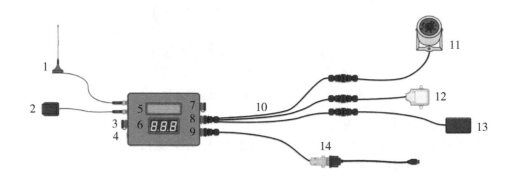

1—GPRS 天线；2—GPS 天线；3—DC IN；4—开关；5—液晶屏；6—数码管；7—SNR2；8—SNR1；
9—CFG；10—12 芯转接线；11—摄像头；12—深度传感器；13—机具识别；14—Usb 串口线（加载线）。

图 5-19　终端整体连接示意

第四节　农机作业精细管理平台使用说明

主要以惠达农机作业精细管理平台使用为例进行说明。

①在电脑或手机上输入网址：hit. huidatech. cn。

②输入账号和密码后，点击"登录"，进入平台主页。主页包括农机分布、作业统计、深松作业、深耕作业、秸秆还田作业、插秧作业和旋耕作业等作业模块(图 5-20)。

图 5-20　平台登录界面

③点击"深松作业"（图 5-21）可查询深松作业详情；点击"农机分布"(图 5-22)可以查看农机分布的情况及农机信息，当前启动农机数量，作业位置等实时

作业情况；点击"作业统计"可以查看各个单位各种作业模式的作业面积和合格面积。

图 5-21 平台主页

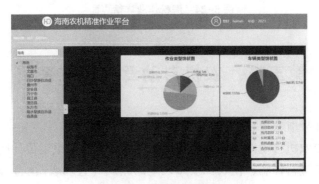

图 5-22 农机分布页面

④选择单位"xxx"，点击"确定"可查询具体市县单位作业情况。

⑤点击"质量分析"（图 5-23）可查看农机信息、作业详情、作业地块信息、作业轨迹、作业图像等信息。

图 5-23 深松作业页面

⑥点击"打印"（图 5-24），"确定打印"可打印农机作业详情单，申请作业补贴。

农机作业详情单包含车主姓名、电话、单位、作业机具、农机型号、车牌号码、作业日期、作业类型、作业面积、达标面积、作业地点、达标比率、作业轨迹等内容。

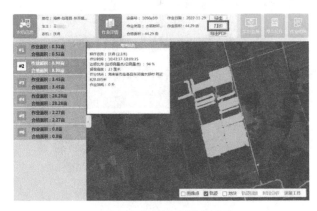

图 5-24　深松作业详情页面

第五节　农机自动驾驶导航系统

现以惠达北斗导航农机自动驾驶系统为例进行说明。

惠达北斗导航农机自动驾驶系统是利用高精度的北斗卫星定位导航信息，由控制器对农机的液压系统进行控制，使农机按照设定的路线（直线或曲线）进行起垄、播种、喷药、收割等农田作业。安装了北斗导航系统的农机可同时实现多工序作业，且旱、水田都可正常作业，完成了人工不可能完成的工作，真正实现了高效益生产。

该系统可以有效提高作业精度、符合标准化农业要求、提高农产品质量，变人工操作时的少重不漏为自动化的不重不漏作业，提高作业效率。延长农机作业时间，人停车不停，夜班一样田间作业。减轻驾驶员的劳动强度，并对驾驶员自身操作水平要求有所降低，操作简单，15 min 就能学会，降低对机手的驾驶能力要求。

同时基于惠达北斗导航农机自动驾驶系统的基础上，惠达还为农场提供了一整套的田间作业管理的整体解决方案，包括农机位置定位、作业轨迹跟踪、作业面积自动测算与统计、设备远程维护等一系列特色功能。

一、整体介绍

整套系统包括车载系统和差分基准站两大部分，其中差分基准站应建立在固定地方，拖拉机在作业地块工作，车载系统安装在拖拉机上，通过接差分基准站传来的差分信息，达到高精度导航目的。

（一）车载系统

自动驾驶车载系统是集卫星接收、定位、控制于一体的综合性系统，主要由卫星天线、北斗高精度定位导航终端、行车控制器、液压阀、角度传感器等部分组成。

（二）差分系统

为提高自动驾驶作业精度，需要架设差分基准站。惠达具有成熟的自动驾驶基站方案，不但支持接入 CORS 网络系统，还提供了固定式基站和便携式基站，以适应不同的应用场景。

差分基准站有固定式基站和便携式基站，固定式基站功率大，辐射距离可达 30～50 km；便携式基站功率较小，辐射距离一般为 3～5 km。

1. 固定式基站

如果农场的拖拉机作业地点为 30～50 km 范围的地块，建议安装固定式基站（图 5-25），以后更方便自动驾驶。

图 5-25 固定式基站

2. 便携式基站

农场的拖拉机如果作业地块不固定经常要跨区作业，而且跨区作业距离相差很远，则可以考虑选择便携式基站（图 5-26）。

图 5-26 便携式基站

二、系统组件

北斗导航农机自动驾驶系统由卫星导航终端、陀螺仪、电机方向盘、智能接收机等组成。

（一）导航终端

卫星导航终端（图5-27）是用户操作和查看的界面终端，支持分屏显示农具作业视频或视频识别，日间/夜间模式一键切换，双卡双待，无缝切换，不掉信号，IP67 防护等级，防尘防水；8in 高亮度电阻触摸屏，阳光下清晰可见；车载规格设计安装方式稳固且安装简单，适应严酷作业环境，−40～70 ℃；提供导航、驾驶和精准农业功能；显示器通过连接高精度卫星输入设备。

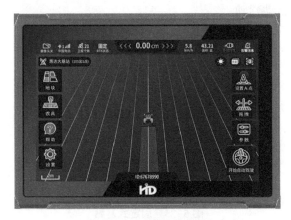

图5-27　卫星导航终端

（二）陀螺仪

陀螺仪（图5-28）免校准，易安装，可自行拆装，全金属外壳，防冲撞、可浸水，兼容无角度传感器方案，无须担心故障影响使用。

图5-28　陀螺仪

(三) 电机方向盘

电机方向盘 (图5-29) 采用15 N·m大扭矩电机,定制开发农机专用电机,安装快捷,适用所有国产和进口农机,超长使用寿命,40 cm大尺寸定制方向盘。

图5-29 电机方向盘

(四) 智能接收机

智能接收机 (图5-30) 为单天线方案,适用性更高,集成陀螺仪,满足坡地、超高速作业,集成电子罗盘,军用技术转民用,兼容电机方向盘、液压两种方案,可拓展外置双天线,适用超低速作业,军用级PC外壳,高强度防冲撞。

图5-30 智能接收机

三、主要功能

(一) 多制式卫星定位模式

支持RTK模式,轻松实现cm级导航定位精度,全面支持中国北斗、美国GPS、俄罗斯 GL ONASS、欧洲 Galileo 多种卫星信号。

（二）多种农田作业场景

支持农机按照设定的路线（直线或曲线）在起垄、播种、喷药、收割等农田作业时都可以使用。在安装有北斗导航系统的拖拉机上，可同时实现铺膜、播种、铺管等多工序联合作业，且在旱田、水田都可正常作业。

（三）多种农田作业模式

支持用户可以根据作业地块的实际地形选择作业模式，支持 AB 直线、A+线、相同曲线、自适应曲线、单地头线、双地头线、轴心线和自由模式等作业模式。

（四）田间作业自动管理

系统能为农场提供一整套的田间作业管理的整体解决方案，包括农机位置定位、作业轨迹跟踪、作业面积自动测算与统计、作业调度、设备远程维护等一系列特色功能。

第六节 农机作业监管信息化存在的问题及应用展望

一、农机作业监管信息化存在的问题

农机作业监控终端及其相关系统平台经过近几年的生产实践，为我国顺利开展深松等多个环节农机作业补贴工作提供了很好的技术支撑。但是同时，市场上很多公司推出了各自品牌的监管终端机系统平台，在实际应用过程中出现了一些问题。从全国来看，整个农机信息化监管技术产品领域缺乏统一的标准规范，不利于管理部门作业监管数据的管理。目前，全国很多地区同时安装了不同单位的作业监管终端，不同单位研发的农机信息化监管系统只能对自己生产的作业终端上传的数据进行处理，不同平台系统之间无法实现数据的互联互通，不利于作业面积统计和监管。结合全国农机作业信息化监管正在由深松作业向耕种管收全过程作业监管方向发展的大趋势，针对各级农机管理部门在农机作业监管系统应用过程中存在的平台数据接口标准不统一的问题，缺乏统一的标准规范，急需制定相应的标准，对行业内相关单位在农机信息化监管系统方面的研发和推广进行规范和引导，解决行业中急需解决的痛点问题，共同促进农业信息化技术在我国农业生产中推广应用（孟志军 等，2019）。

二、农机作业监管信息化应用展望

近两年，我国农机产业市场下行明显，中国农机市场将面临内需不足和外需放缓的双重压力，利润水平持续降低，行业增速持续减弱。但是在这种背景情况下，作为农业装备升级换代的重要方面，农机在信息化和智能化方面的研发、推广和市场化应用则呈现出快速发展的态势，"互联网+农机"促生出的新业态、新商业模式运用，为行业营造了新的利润增长点。"全程托管""机农合一""全程机械化+综合农事服务"等专业性综合化新主体、新业态、新模式正在快速发展，积极发展"互联网+农机"服务，创新组织管理和经营机制，能够进一步提升农机合作社的发展动力和活力。2018年我国农机作业服务组织达到18.7万个，其中农机合作社7万个，全国农机社会化服务面积超过42亿亩次，信息化远程监管手段正在逐渐开始应用，各省市正在不断探索相关的模式，更好地促进农机社会化服务更好更快地发展（苏芝忠，2018）。

2018年12月12日召开的国务院常务会议，部署加快推进农业机械化和农机装备产业升级，推进"互联网+农机作业"，加快推广应用农机作业监测、维修诊断、远程调度等信息化服务平台，实现数据信息互联共享，提高农机作业质量与效率。可以预见，我国正处于由传统农业向现代农业转型的关键时期，农业现代化进程正呈现加速发展态势，要实现农业生产由粗放型经营向集约化经营方式的转变、由传统农业向现代农业的转变，必须瞄准世界农业科技前沿，大力发展农机信息化等工程科技相关技术。逐步建设以农机物联网为重点的农机作业全程监管信息化技术装备体系，推进我国现代农业发展，以此提高我国农业全程化精准生产的技术装备水平和管理智能化水平。大数据、物联网、云计算、移动互联等高新技术正深刻地影响和改变着我国整个农机行业的发展。以现代信息技术为代表的农机信息化技术的进一步广泛应用，将能够实现农机作业综合数据信息互联共享，实现耕、种、管、收全程农机作业监管，为政府部门、农机生产企业、作业机手和农机合作组织提供监控管理信息，提高农机作业质量与农机作业管理的效率。采用信息化和农机物联技术手段，提高农机作业管理和服务精细化水平必将是一种发展趋势。

参考文献

陈兴和，孙超，刘辉，2018. 农机深松作业远程监测装备发展现状及建议 [J]. 农业工程，8（9）：22-24.

李静，张萌，2008. 高精度倾角传感器SCA100T在测斜仪中的应用 [J]. 仪器仪表用户，15（1）：55-56.

李阳，冯明大，郭晓云，等，2019. 深松作业远程监测系统研究与应用 [J]. 农业工程（10）：32-37.

孟志军，武广伟，魏学礼，等，2019. 农机作业监管信息化技术应用与展望 [J]. 农机科技推广（5）：9-11.

苏芝忠，2018. 信息化监管系统在农机深松作业中的应用 [J]. 河北农业（8）：63-64.

孙汝建，2006. 基于SPI接口的双轴SCA100T倾角传感器及其应用方法 [J]. 仪器仪表用户，13（4）：69-71.

王锋，李永莲，2022. 基于农业信息化的农业产业发展 [J]. 农业工程技术，42（21）：21-22.

于海洋,2019.“互联网+农机”融合促农业现代化发展［J］.吉林农业（24）：34.

赵青,2022.农业信息化在现代农业发展中的重要作用［J］.农机使用与维修（12）：93-95.

附录

Q/RJ

中国热带农业科学院农业机械研究所企业标准

Q/RJ 02-2023

深松、深耕机械作业技术规程

2023-04-11 发布　　　　　　　　　　　　　　2023-04-17 实施

中国热带农业科学院农业机械研究所 发布

前　言

本标准按照 GB/T 1.1—2020 给出的规则起草。

本标准由中国热带农业科学院农业机械研究所提出。

本标准起草单位：中国热带农业科学院农业机械研究所。

本标准主要起草人：黄伟华，韦丽娇，葛畅，牛钊君，王槊，李明，杜冬杰，刘健，陈小艳。

本标准于 2023 年 4 月首次发布。

深松、深耕机械作业技术规程

1 范围

本标准规定了深松、深耕机械作业的作业条件、作业要求、作业质量、检测方法和安全要求。

本标准适用于拖拉机配套深松、深耕机具进行的深耕、深松作业。

2 引用标准

下列文件中的条款通过本标准的引用而成为本标准的条款。凡是注日期的引用文件，其随后所有的修改单（不包括勘误的内容）或修订版均不适用于本标准，然而，鼓励根据本标准达成协议的各方研究是否可使用这些文件的最新版本。凡是不注日期的引用文件，其最新版本适用于本标准。

GB/T 15370.2 农业拖拉机 通用技术条件 第2部分：50～130 kW 轮式拖拉机

GB 16151.1 农业机械运行安全技术条件 第1部分：拖拉机

GB/T 5667 农业机械 生产试验方法

GB/T 5262 农业机械 试验条件测定方法的一般规定

GB 10396 农林拖拉机和机械、草坪和园艺动力机械安全标志和危险图形 总则

GB/T 14225 铧式犁

3 术语和定义

下列术语和定义适用于本标准。

3.1 深松、深耕机械

配套功率不小于 59 kW、耕深为 30～50 cm 的大型拖拉机进行甘蔗深松、深耕翻作业的机具。

3.2 耕深

深松、深耕机械作业后底面与作业前地表面的垂直距离。

4 深松作业

4.1 作业条件

4.1.1 耕地基本条件：采用少免耕或旋耕机耕作 3 年以上，以及留茬秸秆粉碎还田加浅翻耕 4 年以上，所形成的耕作层小于 20 cm 时，容易形成坚硬的犁底层的耕地。

4.1.2 土壤土层厚度应不小于55 cm，全耕层平均土壤坚实度应不大于1.2 MPa、平均绝对含水率为15%～30%的黏土或壤土。

4.1.3 地表条件：地表秸秆应粉碎，秸秆切碎长度低于8 cm，抛撒均匀，根茬高度低于30 cm。地表应较为平整，无明显高低障碍。除秸秆外，不应有树根、石块、地膜等影响深松的杂物，避免在深松过程中破坏机具。

4.1.4 适宜深松的土壤质地为黏质土和壤土，20 cm以下为砂质土的地块不应进行深松作业。

4.1.5 应根据土壤类型、耕作要求，选择符合当地农艺要求的深松机具，并选用合理的配套动力。局部深松应选用单柱式深松机具进行作业，全方位深松应选用全方位深松机具进行作业。动力机械一般采用73.5 kW以上拖拉机。

4.1.6 作业前应对妨碍正常作业的植被、根茬、蔗叶等杂物进行处理，保证耕层内无妨碍正常作业的树根和石块等坚硬异物。

4.1.7 拖拉机驾驶员应取得拖拉机驾驶证。

4.2 作业要求

4.2.1 作业深度：一般深度为30～50 cm，行与行之间深度误差应控制在2 cm以内。机械深松的深度也要考虑不同的土壤类型和质地等因素。

4.2.2 深松间隔：一般为40～50 cm，最大不超过60 cm，深松作业中，深松间隔距离应保持一致。实际深松作业过程中应考虑作业田块的具体情况来调整深松间隔。如果作业田块免耕时间较长（在5年以上），板结较为明显，耕作层在15 cm以上时，应减小深松间隔，最小可控制在30 cm左右，不过此时可能会明显增加深松作业的阻力，因此拖拉机的马力也要相应提高，检查紧固件（特别是运动部位的紧固件）是否紧固可靠。

4.2.3 深松时间：深松一般安排在秋播季节，作物收获、秸秆粉碎后进行。

4.2.4 作业周期：每3～5年深松1次，特殊情况下（土壤板结明显）可以适当增加深松次数。

4.2.5 机器匀速前行，同时保持直线运行。拖拉机在带动深松机具作业时，不能破坏田块表层结构及表层附着物。

4.2.6 深松深度应尽量一致，控制深度稳定性误差不超过20%。

4.2.7 机器来回的深松间隔应均匀，不重复深松，也不产生漏行。

4.2.8 深松后要及时进行地表旋耕整地处理，平整深松后留下的深松沟。如果深松后地表较为平整，则可省去此工序。

4.2.9 深松作业前应按地形合理确定机组行走路线，保证行走方便、空行程短。

4.2.10 机组在地头转弯、倒车或田间转移时，深松机应处于提升状态，慢速行驶。

4.2.11 全方位深松每行程作业幅宽应有10 cm左右的重叠量，避免漏松。

4.3 深松机调整

4.3.1 纵向调整主要是考虑减少深松作业时的阻力，所以要保证深松机刀具在入土时有适度的倾角，一般为3°～5°。

4.3.2 深度调整是考虑深松作业刀具入土深度，要保证机器两侧限深轮的高度一致，以保证深松效果。

4.3.3 横向调整是考虑刀具间的误差问题，要保证机器左右的水平高度，以减少深松产生的深度误差。

5 深耕作业

5.1 作业条件

5.1.1 应选择符合当地农艺要求的深耕机具，配套动力一般选用 73.5 kW 以上拖拉机配套悬挂式深耕犁（带犁壁）进行。可以在深耕犁的犁壁上增加复合胶板等，以减少耕作阻力和粘泥现象。

5.1.2 轮式作业机组应在不大于20%的坡度条件下作业；履带式作业机组应在不大于30%的坡度条件下作业。

5.1.3 按使用说明书的规定对拖拉机和深耕犁进行调整、保养，并按作业要求做好各项检查和准备工作，保证深耕机组处于正常工作状态。

5.1.4 土壤土层厚度应不小于45 cm，全耕层平均土壤坚实度应不大于1.2 MPa、平均绝对含水率为15%～30%的黏土或壤土。

5.1.5 作业前应对妨碍正常作业的植被、根茬、蔗叶等杂物进行处理，保证耕层内无妨碍正常作业的树根和石块等坚硬异物。

5.1.6 拖拉机驾驶员应取得拖拉机驾驶证，作业人员应经正规操作、维修技术培训。

5.2 作业要求

5.2.1 应在前茬作物收获后及时进行深耕，新种蔗地一般应在当地雨季开始之前进行深耕。

5.2.2 深耕作业前应根据地形合理确定机组行走路线，以保证行走方便、空行程短，并合理选择耕地方式（内翻法、外翻法、套耕法）。

5.2.3 按土壤类型确定深耕深度，深度应达到35～45 cm，并保持稳定。选择深耕作业可不进行深松。土层厚度大于55 cm的地块，宜采用深松作业。坡地作业时深耕机的行进方向应与坡向垂直。

5.2.4 按使用说明书的要求对犁的入土角、耕深、耕幅、正位、横向水平、纵向水平进行调整，直至达到作业要求，并按要求进行限位。

5.2.5 按深耕机性能和土壤情况等确定作业的速度。

5.2.6 机组作业时应保持匀速直线行驶，避免中途停机和变速。

5.2.7 机组在地头转弯、倒车或田间转移时，深耕机应处于提升状态，慢速行驶。

5.2.8 每行程作业幅宽应有10 cm左右的重叠量，避免漏耕。

5.2.9 严禁超负荷工作，若发现拖拉机负荷突然加剧，应降低作业速度或停车，查找原因，排除故障。

5.2.10 应随时检查作业情况，发现有杂物堵塞时应及时清除。

5.3 深耕犁调整

5.3.1 轮式拖拉机的轮距调整：拖拉机的轮距位与犁的耕幅适应，使耕地过程中前犁的铧翼偏过拖拉机右轮内侧10～25 mm，拖拉机的左、右下拉杆处于对称位置。

5.3.2 正位调整：耕地时必须保持第一犁的正常耕宽，使犁架的纵梁平行于机组的前进方向。

5.3.3 水平调整：作业时犁架必须保持纵向和横向水平，才能保证耕深一致。

6 作业规程

6.1 作业前准备

6.1.1 深松、深耕作业机具应配备驾驶人员 1~2 名，驾驶人员应经过专门的培训，除了要掌握深松、深耕的操作规范、技术标准外，还应掌握机具的工作原理以及使用方法等，便于作业实施。

6.1.2 按照土壤含水量查看田块是否符合作业要求，如含水量过高应暂缓作业。

6.1.3 根据秸秆处理情况查看田块是否符合要求，主要是看秸秆的粉碎情况、秸秆的留茬高度等，如不符合还要对秸秆进行处理。

6.1.4 根据土壤类型、质地及机具指标等情况，确定深松、深耕作业的深度及机器行进的速度。

6.1.5 要先试作业，试作业的目的是检查准备工作是否完备，机器是否还存在问题等，如一切都正常，则可开始正式作业。

6.2 作业过程

6.2.1 在深松、深耕作业过程中，如机器出现异常响声，应及时停止作业，待排除状况后再继续进行作业。遇到阻力激增时，也应及时停止作业，排除状况后再继续。

6.2.2 深松、深耕机具在田块的两头入土与出土时，应控制速度，主要是减速缓行，不可快速上下拉升机具，以免损害机器。

6.2.3 作业中要及时清除缠草，不准拆除传动带防护罩作业，清除缠草或排除故障必须停机进行。

7 作业质量

7.1 作业条件

作业地块尽量连片集中，对于分散的地块应有可供机具转移的机耕道路；土壤绝对含水率为 15%~30%，植被自然高度应小于 20 cm，最大作业坡度小于 150°；蔗地无过大的石头、大树桩等坚硬的异物。

7.2 作业质量指标

在 7.1 规定作业条件下，作业质量指标应符合附表 1 规定。

附表 1　作业质量指标

序号	检测项目名称	质量指标
1	平均耕深，cm	$N^D \pm 3.0$
2	耕深稳定性变异系数，%	≤10
3	漏耕率，%	≤1

（续表）

序号	检测项目名称		质量指标
4	植被覆盖率,%		≥60
5	碎土率（耕作≥5 cm² 土块）,%		≥50
6	入土行程，m	总耕幅>1.8	≤6
		总耕幅≥1.8	≤4

根据农艺要求确定的耕作深度；
土块三维尺寸中的最大值。

8 检测方法

8.1 作业条件

8.1.1 植被状况

测点选取和检测方法按 GB/T 14225 中第 5.1.4 条的规定进行。

8.1.2 土壤绝对含水率

测点选取和检测方法按 GB/T 14225 中第 5.1.4 条的规定进行。

8.1.3 耕深和耕深稳定性

测定区距离地头 5 m 以上，测定区长度为 20 m，沿前进和返回方向随机取样各不少于 2 个行程，采用耕深尺或其他测量仪器，测量沟底至未耕地表面的垂直距离，每个行程测 11 点。如耕地后进行，则测量沟底至已耕地表面的距离，按 0.8 折算求得各点耕深。按式（1）、式（2）、式（3）计算平均耕深、耕深标准差、耕深稳定性变。

$$\bar{a} = \frac{\sum a_i}{n} \tag{1}$$

$$S = \sqrt{\frac{\sum (a_i - \bar{a})^2}{n - 1}} \tag{2}$$

$$V = \frac{S}{\bar{a}} \times 100 \tag{3}$$

式中：

$\bar{a}$——平均耕深，单位为 cm；

a_i——各测点耕深，单位为 cm；

n——测点数；

S——耕深标准差，单位为 cm；

V——耕深稳定性变异系数，单位为百分数（%）。

8.2 漏耕率

漏耕率测定在作业后的整块地中进行，测量各漏耕点的面积和检测地块的面积，按式（4）计算漏耕率。

$$L = \frac{\sum N_i}{N} \times 100 \qquad (4)$$

式中：

L——漏耕率，单位为百分数（%）；

N_i——第 i 个漏耕点的漏耕面积，单位为平方米（m^2）；

N ——检测田块的面积，单位为平方米（m^2）。

8.3 入土行程

测定最后犁体铧尖着地点至该犁体达到稳定耕深时犁的前进距离，稳定耕深按试验预测耕深的 80% 计，共测定四个行程。

8.4 植被覆盖率

测点选取和检测方法按 GB/T 14225.3 中第 2.4 条的规定进行。按式（5）计算植被覆盖率，求其平均值。

$$F = \frac{Z_1 - Z_2}{Z_1} \times 100\% \qquad (5)$$

式中：

F——植被覆盖率，单位为百分数（%）；

Z_1——耕前平均植被质量，单位为克（g）；

Z_2——耕后地表面上的平均植被质量，单位为克（g）。

8.5 碎土率

在测区内对角线取样不少于 3 点。每点在 $b \times b$（cm^2）（b 为犁体工作幅宽）面积耕层内，分别测定的最大尺寸小于（含等于）5 cm 的土样质量及该测点土样总质量，按式（6）计算碎土率，求各测点的平均值。

$$C = \frac{G_s}{G} \times 100\% \qquad (6)$$

式中：

C——碎土率，单位为百分数（%）；

G——土样总质量，单位为千克（kg）；

G_s——小于（含等于）5 cm 土样质量，单位为千克（kg）。

9 机具维护

9.1 如连续开展深松、深耕作业，应每天检查 1 次拖拉机及深松、深耕机具，发现问题及时处理。

9.2 每季作业结束后，应及时清理深松、深耕机具，对机器的各个部件均应检查保养，并放在专门的库房内保存。如没有专门的库房，也可放置室外，但应注意选择较为安全的地势，并有防雨布遮盖，不能长期露天放置。

10 安全要求

10.1 严禁在不符合规定的坡度条件下作业。在坡上停驻时，应可靠制动。

10.2 严禁作业人员酒后或在身体过度疲劳状态下作业。

10.3 拖拉机及深松、深耕机具的维修不能在作业过程中进行，应在拖拉机熄火后才能对机具进行维修。同时要保证机具落地后才能开始维修和调整。

10.4 深松、深耕作业进行过程中拖拉机两侧及深松、深耕机具上严禁站人，以确保人员安全。

10.5 在作业、转移、地头转弯时，应避开行人和障碍物。

10.6 拖拉机转移作业地块时，应将机具升起到安全运输状态，防止机具碰到田埂或其他地面杂物产生损坏。

10.7 与拖拉机脱开后的机具，必须可靠、平稳停放。

10.8 当深松、深耕机具还未提起前，不得转弯和倒退，防止损坏深松刀具。